知·飪

海物惟錯

东海岛民的舌间记忆

周苗 著

浙江古籍出版社

图书在版编目（CIP）数据

海物惟错：东海岛民的舌间记忆 / 周苗著 . -- 杭州：浙江古籍出版社，2022.12
（知·趣丛书）
ISBN 978-7-5540-2399-0

Ⅰ . ①海… Ⅱ . ①周… Ⅲ . ①东海—岛—海产品—介绍 Ⅳ . ① S922.9

中国版本图书馆 CIP 数据核字（2022）第 203775 号

海物惟错：东海岛民的舌间记忆

周　苗　著

出版发行	浙江古籍出版社	
	（杭州市体育场路 347 号）	
网　　址	https://zjgj.zjcbcm.com	
责任编辑	伍姬颖	
责任校对	吴颖胤	
封面设计	吴思璐	
责任印务	楼浩凯	
照　　排	杭州时代出版服务有限公司	
印　　刷	浙江新华印刷技术有限公司	
开　　本	787mm×1092mm　 1/32	
印　　张	8	
字　　数	165 千字	
版　　次	2022 年 12 月第 1 版	
印　　次	2022 年 12 月第 1 次印刷	
书　　号	ISBN 978-7-5540-2399-0	
定　　价	60.00 元	

自　序

　　生活在海岛，是一件值得庆幸的事。先不说四时宏阔的风景、纯净清爽的空气，单是掰着手指数不过来的海鲜就足以令人心驰神往了。

　　开春第一鲜的刀鱼，夏日里的海瓜子，秋风乍起时的梭子蟹，隆冬时节的带鱼，一年四季，都有应时而生的海鲜供老饕们饱口腹之欲。传唱久远的《十二月鱼谣》[①]，从正月鲻鱼唱到腊月里的风鳗，直唱得人心旌摇曳，食指大动。

　　海岛之人大多质朴简单，正如他们料理海鲜的方法：摒弃一切繁复的手段和佐料，遵循简单纯粹的法则，一撮盐、几截葱，海鲜便现出另一层的境界。即便是舀一瓢海水，加些盐卤，用来呛虾、呛蟹，也是别有一番风味。

　　鲜活的舌尖味觉、艰辛的海上环境，共同构成了海岛人对于海洋与海鲜的记忆，其内涵之深刻复杂，远非内陆人士所能体会。神奇并饶有趣味的渔歌、渔谚、鱼类故事，在海

_____

① 《十二月渔谣》，流行于嵊泗列岛的民间歌谣，以常用的十二月歌的形式，总结各类渔汛，并指出家常海鲜的进食时令。

1

岛间传播，那是先民对于海洋的情感寄托，也是今人解码海洋的密钥。

"海物惟错"，是古书《禹贡》里的一句话，意思是说海里的水族缤纷杂错，品类丰富。嵊泗列岛地处东海深处，历来是水产渊薮，以"海物惟错"来形容再恰当不过。四十多年的海岛生活，所见所尝的海物，几达数百种之多。今将古籍记录、坊间趣闻以及平生所历，一一缀编成文，也算是件有意思的事。

拉杂写来，是为序。

周苗

2020 年 6 月于嵊泗列岛

目　录

春风三月鲥鱼肥

2018 年开春，随着一帮师友去了趟桐庐。徜徉在山灵水秀的富春江畔，脚下春水环碧，远处桐君山青翠在望，让人有结庐而居的冲动。游览之余，和当地陪同者聊起富春江鲥鱼，对方一声喟叹：鲥鱼已绝迹多年了。

一湾凝碧的富春江因严子陵、黄公望的避世卜居而名声响亮，成为隐士们心中的圣地，但对一帮老饕来说，名动江湖的鲥鱼才是他们的心头至爱。

每年春夏之交，鲥鱼自海中溯钱塘江而上，至富春江排门山、子陵滩一带产卵，至此不再洄游。当地人传说鲥鱼溯游至严子陵钓台下，参拜子陵先生，先生以朱笔为之记，故富春江鲥鱼以唇有朱点者为上品。于是，鲥鱼就有了"子陵鱼"的别称。据说，鲥鱼由海中初入江时，肉极嫩。入江后，停止摄食，加之急剧的洄游和产卵，体力消耗颇大，鱼体脂肪含量逐渐下降，肉质变老，其味大减。

早前，不仅富春江出产鲥鱼，连长江中也是多见，其时鲥鱼、河豚、刀鱼并称"长江三鲜"，那是无数人为之癫狂的人间美味。很多人以为鲥鱼产于江河之中，归之为淡水鱼，其实这个认识是错误的。康熙《丹徒县志》记载鲥鱼"本海鱼，

图 1　流刺网，鳓鱼主要捕捞方式，舟山博物馆

图2 鳓鱼、鲥鱼,《三才图会》

季春出扬子江中，游至汉阳，生子化鱼，而复还海"。鲥鱼平时栖息于海中，每年农历四至六月，溯江而上至镇江一带产卵，随后返大海，因其来去准时，故而得名鲥鱼。

吾乡舟山群岛，地当钱塘江入海口，鲥鱼欲溯流至富春江，必先行经舟山海域。历史上，舟山多地以出鲥鱼著名。清光绪《定海厅志》中记载："箭鱼，即江湖鲥鱼，海出者最大，甘肥异常……出西北燕窝山、拷网山、摇星浦为多。"上述的燕窝山、拷网山、摇星浦，在今岱山一带，嵊泗诸岛与之相距咫尺，水脉相通，所产鲥鱼渊源相同，品质自然上佳。在我看来，此时此地的鲥鱼欲入江而未入，最为肥美，要比富春江中的略胜几分。十余年前，曾品尝过一次清蒸鲥鱼。鲥鱼为村里渔民新近网得，新鲜透骨，甫一出水，便被定购。彼时，鲥鱼已不多见，价格不菲，两斤多重的更不易得。一尺多长的鱼身装在青花长条盘里，银光闪耀，香气氤氲，立马攫住了众人的目光。那是我吃到过最好的鲥鱼，丰满肥硕，得时当令，主人料理的又十分精致，吃得齿颊留香，至今回味。

鲥鱼的烹饪方法，众说纷纭。清代屈大均《广东新语》记载："鱼生以鲥鱼为美，他鱼次之。"鱼生，如今多以金枪鱼、三文鱼为之，以前听说过日本人喜欢河豚鱼生，以鲥鱼来做则闻所未闻，不知比金枪鱼、三文鱼滋味如何，但以鲥鱼的丰腴肥美，想来应该不会太差。袁枚《随园食单》中记载："鲥鱼，用蜜酒蒸食，如治刀鱼之法便佳。或竟用油煎，加清酱、

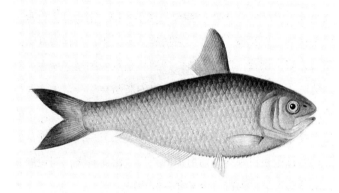

图 3　鲥鱼，《中国海鱼图解》

酒酿亦佳。万不可切成碎块，加鸡汤煮；或去其背，专取肚皮，则真味全失矣。"袁枚精于饮馔之道，对烹饪鲥鱼颇有心得，他的建议是加入甜酒蒸食。或者用油煎，加些酱油、酒酿，滋味也不差。但千万不能切成碎块，和鸡汤一起煮；或是去掉鱼背，只留鱼腹，那样，鲥鱼鲜美的本味将丧失殆尽。

其实，早在宋代，就已经形成一种蒸鲥鱼的方法。如宋代吴氏《中馈录》记载："鲥鱼去肠不去鳞，用布拭去血水，放荡锣内，以花椒、砂仁、酱擂碎，水、酒、葱拌匀其味，和蒸去鳞，供食。"古人认识到鳞片是鲥鱼的精华所在，故剖洗时不去鱼鳞。高温下，鳞片里的脂肪会部分溶化渗入鱼肉，令鲥鱼更为鲜美。而最后的"和蒸去鳞，供食"，指的是去掉未完全溶化的鱼鳞。这是一种类似于现代清蒸鲥鱼的烹饪方法，也可视为这道名馔的雏形。由此看来，鲥鱼腴美宜清蒸的道理，为古往今来食客所共知。

尽管鲥鱼滋味绝美，但因其刺多，仍被一些人诟病。张爱玲就曾说人生有三恨：一恨鲥鱼多刺，二恨海棠无香，三恨《红楼梦》未完。此三恨非张爱玲始创，而是脱胎于北宋名士刘渊材的平生五恨：第一恨鲥鱼多骨，第二恨金橘太酸，第三恨莼菜性冷，第四恨海棠无香，第五恨曾子固不能作诗。这两位恨鲥鱼多刺，不能尽兴大嚼，但话说回来，如果鲥鱼无刺，又怎会如此美味？因刺多，只能细细品味，才能领略鲥鱼之美，若让你敞开肚皮吞咽一番，不单会索然无味，更与鲸吸牛饮的莽汉何异？而这位张女士恐非真的怨恨鲥鱼多刺，只是幽怀独抱，另有寄意罢了。

时下，不仅富春江中已无鲥鱼，就连汪洋的东海里也无迹可寻，算起来，已有十多年未睹其芳容了。即便有，恐怕我等小民也消受不起。当年，就连老作家汪曾祺也因鲥鱼价格昂贵，有吃不起的慨叹："鲥鱼现在卖到两百多块钱一斤，成了走后门送礼的东西，'吃的人不买，买的人不吃'。"

谁解芳腴马鲛鱼

前人所谓寄情于物，古来颇多故事，晋人季鹰莼鲈之思便是著名的一则。当代补白大王郑逸梅曾著文记小说家平襟亚一事，也是寄情于物的生动事例。平襟亚幼年时，家贫，父亲临终想吃马鲛鱼而不可得，含恨而逝。从此，平襟亚终身不食马鲛鱼。因怕见鱼而动思父之情，索性一辈子不吃此鱼，马鲛鱼是平襟亚心头的寄情之物。

陶庵老人张岱身处明清鼎革之际，眼看着山河破碎，家道衰落，无所归止。在其晚年所著的《陶庵梦忆》中忆及旧日"繁华靡丽，过眼皆空，五十年来，总成一梦"，特将各地方物一一开列，以示悲凉忏悔之意。其中提到"嘉兴，则马交鱼脯"，足见马鲛鱼制成的脯令其印象深刻。嘉兴处杭州湾北，近海有王盘洋渔场，所产马鲛鱼自然不差。经数十年丧乱，记忆尤深，从中可见马鲛鱼脯寄托了张岱的黍离之悲。

老友黄公山人刘辉兄，舟山六横岛人氏，擅长著文、考据，尤精于饮馔。每年清明前，刘辉兄只要得闲，必要专程返乡一趟，当地有他心心念念不能释怀的美食。吸引他的是一种当地称"鰆鯃"的鱼，乡间多称呼为"川乌"。"鰆鯃"

图1 鲛鱼,《中国海鱼图解》

图2 鲛鱼,《金石昆虫草木状》

其实是马鲛鱼的一支小种群,产于宁波象山港一带的狭窄区域,清明前洄游至象山港产卵。此时的"鰆鯃"肥美芳腴,身价高昂,众多老饕为此一掷千金毫不吝惜。

六横岛紧临着象山港,为"鰆鯃"洄游必经之路。刘辉兄遍托渔民中的熟人,偶尔能觅得一条,于是备下春笋、咸齑,调羹做汤,不亦乐乎。时令的佳鱼,搭配时令的菜蔬,隔着手机屏幕都能让我们大流馋涎。"鰆鯃"是刘辉兄的心头好,一饱口福之余,亦慰藉了他少小别乡之情。

一尾小小的马鲛鱼,牵动了古往今来无数人的心弦,同样,也牵扯着无数人的味觉神经。

马鲛鱼,沿海各省皆产,刺少肉多,体多脂肪,为人们所喜食。福建莆田等地有"三月三,当被食马鲛"的民谚。说的是农历三月,天气回暖,马鲛鱼形成渔汛,味美但价格昂贵,一班老饕为解馋索性拿被子去典当了。这当然是夸张的说法,有戏谑的成分,但由此可见马鲛鱼在当地食馔中的独特地位。

在江浙沿海地区,人们钟爱马鲛鱼的程度与福建不相上下,从花样繁多的烹饪方法中可见一斑。舟山人以马鲛鱼配雪里蕻咸齑,大汤烧开,鱼肉嫩滑,咸齑脆爽,汤汁咸香适口,令人胃口大开;又可快刀切成一指宽薄段,以糖、辣椒、酱油等腌渍片刻,捞出风干成脯,隔水蒸熟,为下酒绝品;也可切段,加海盐揉搓暴腌,饭锅蒸出,咸中带鲜,可称下

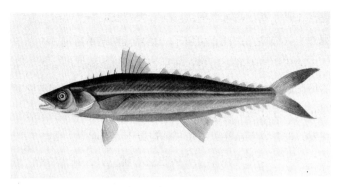

图 3　黑鲛，《中国海鱼图解》

饭利器，尤以鱼头更值得咀嚼；此外，尚有捏鱼丸、烹炸等多种食法。可以这么说，在有经验的厨娘手里，来一桌马鲛鱼宴也是轻松之事。

马鲛鱼的鲜美，古来就为人称道，清人洪亮吉曾说："嘉兴出马皋鱼，味较他鱼清美。"马皋鱼即马鲛鱼的异写。宋宝庆《四明志》将马鲛鱼与其他鱼类做了比较，认为"马鲛鱼，形似鳙鱼，味似鲳鱼，品在鲳、鳙之间"。如果说宝庆《四明志》对马鲛鱼的评价相对公允，那么在若干年后的元至正《四明续志》中，画风大变，此形此味陡然成了对马鲛鱼的贬损，"形似鳙，其肤似鲳，黑斑最腥，鱼品之下"。

该志修纂者王元恭，号宁轩，河北正定人，在宁波任职期间，主持了至正《四明续志》的修纂。作为内陆人士，对海产不甚了解，尚可理解，但他认为马鲛鱼为"鱼品之下"，显然有失偏颇。由此也引发了一场后人的笔墨官司。

清代宁波大儒全祖望在他一首咏马鲛鱼的诗中写道："春事刚临社日，杨花飞送鲛鱼。但莫过时而食，宁轩不解芳腴。"全祖望长于宁波，熟悉当地风物，对王元恭的评语自然十分诧异，他在诗下自注"不知宁轩何以于《四明志》中贬之"。全公为当时文化界巨擘，说话也还委婉，只说其"不解"。倒是另一位宁波人王莳蕙丝毫不顾及古人颜面，斥其为一身穷酸气的"措大"，"莫笑宁轩无口腹，由来措大怕脓肥"，从来没享用过马鲛鱼的美味，怎么能够予以评价呢？

2019年春天，赴定海公干，主人殷勤留饭，席间说起"鳍鲳"。主人与老板相熟，唤来一问，巧了，店中尚存半尾。急令老板加咸齑烧来。匕箸齐下，一大盘顷刻见底，席间众人皆呼"赞"。

平生仅有的一次食"鳍鲳"经历，不由得想起刘辉兄来，他应该当得起"解物妙人"的称号吧。

吾乡有蛏

春日的午后，潮水退去，黄沙吞西面的滩涂露出深褐的底色，原本米粒大的牛屄礁被放大了无数倍。阳光下，那些积了水的低洼处折射出闪烁的光点，一点、两点……耀人眼目。一只长脚鹭鸶从山顶俯冲过来，张开雪白的羽翼，轻盈地停落，长喙迅疾如风，在泥涂中啄取着什么。

脱了鞋，将细绳系在腰间，卷起裤脚，撸起袖子，几个人呼唤着落了涂。

一行行歪歪扭扭的脚印延伸向远方。

清凉滑腻的海泥，从脚趾缝中拥挤上来，将脚板紧紧地包裹，随即吞下整只小腿，直至膝盖。一脚轻轻踩下，一脚又缓慢地拔起，沉重、费力，仿佛整个海底都吸附在脚下。头顶的云彩、远处的海、身后的丘陵，一起随着脚步起伏、颠倒。太阳聚焦在头顶，脸颊上的汗珠滴落下来，化成海水的一部分。

有眼尖的人，觑见不远处有小土包隆起，忙抢前几步，扬起手中的竹篮一舀，一只生猛的青蟹被困在篮底。它挥舞着大螯，表达着对新环境的不适和抗议。有时，舀起的也可能是条沙鳗，或是只望潮；总之，泥涂是海族的乐园，也是

图 1 捡拾蛏子,舟山博物馆

人类的宝藏。

已经有人在频频地俯身、弯腰,舒展手臂在海涂轻捷地掠过,随即起身向篮中丢掷着某样事物。也有人,脚步愈发迟缓,手里的篮子也越来越沉重,只能不断地交替着双手……

潮水开始上涨,"哗""哗""哗"地响。此时,腰背上的酸疼开始苏醒,并向身体各个部位蔓延。停住脚,直着身体,太阳已经歪斜到海水里,苍白、无力,如同一只燃烧殆尽的煤球。风从海的另一边吹来,牵扯着暮色从四面向人围拢,寒意顿生。有些人手里的竹篮满到了边沿,身后还拖着个网兜,看来又是个高产的日子。大人们扯着喉咙,向远处的人影呼唤：阿平、小宝……回去嘞。

这是我二三十年前拔蛏子的情景，至今时常如老电影一幕幕回放，底片虽已泛黄，但仍清晰如昨。

蛏子是人们十分熟悉的海产品，北方沿海称跣，辽宁俗称小人跣，浙江沿海多称作蜻子。清代徐珂《清稗类钞》云："蛏，与文蛤同类异种，壳为长方形，两端常开，色淡黑，长二寸许，足及吸水管皆露于壳外。肉似蛎，色白而甘美，俗呼为美人蛏，产海边泥中。"

福建、广东、浙江等沿海省份拥有大片滩涂，适合养殖蛏子，一直以来，蛏子就是闽、粤、浙等省传统的养殖贝类。正如明代张自烈《正字通》所云："蛏，小蚌……闽粤人以田种之，谓之蛏田。"福建连江、霞浦，以及浙江宁波、台州等地，皆以养殖蛏子出名，宁海长街蛏子更是享有盛誉。

这种养殖的蛏子，壳脆而薄，呈长扁方形，自壳顶到腹缘，有一道斜行的凹沟，故名缢蛏。时下，人们在菜场、餐馆中所常见的蛏子，正是缢蛏。

泗礁山岛周边的滩涂上，出产一种据说是嵊泗独有的蛏子——刀蛏。前人视缢蛏美味，雅称其为"美人蛏"，而在我看来，嵊泗的刀蛏更能当得起此美名——缢蛏外壳肥短粗糙，如面目黧黑的粗莽汉子；刀蛏则修长如玉，晶莹润泽，十足的美人胚子。单从卖相来看，刀蛏已胜一筹。

缢蛏以养殖为多，刀蛏则多野生，两者肉质、口感相去

蟶之為物大要喜地煖則多吾鄉蟶止一
種發於冬而盛於春江南漸少江以北漸無
矣浙蟶小而殼薄止用湯淋便熟閩蟶殼
厚必裂其背而蒸始可食

浙蟶贊

浙蟶種小但產冬春

閩粤海鄉四季皆生

图 2　蛏子，《海错图》

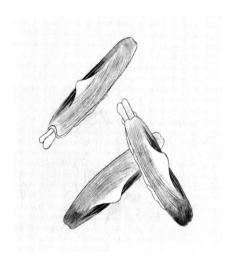

图 3　蛏，《金石昆虫草木状》

甚远。一些识货的外岛人，到嵊泗的饭店中就餐，会点刀蛏来吃，有时还不忘叮嘱一句：两个头的不要。（缢蛏上端有两个延长的水管，刀蛏则没有）

三四月份，是刀蛏最美味的时候，经过一个冬天的蛰伏，肉质肥壮鲜嫩，诱人得很。

以前，拔刀蛏回来，先以海水静养一天，待其吐尽污泥，便可烹饪。刀蛏宜清炒，佐以葱、姜、黄酒、糖，炒得鲜香扑鼻，勾人魂魄。暮春晴暖的傍晚，搬张小桌到庭院中，一盘刀蛏，配两样时令的菜蔬，一瓶啤酒，就着满天的红霞与落日，很是惬意。

盐水刀蛏是原汁原味的做法。清水加盐，只以葱、姜、料酒去腥，蛏肉白皙丰腴，结实有韧劲，透着微微的甜味，看似清淡却是鲜味十足。

铁板刀蛏则稍微烦琐些，但却风味独具。先将刀蛏洗净，割断背筋，撒上盐，倒上料酒、葱、姜、蒜腌渍片刻。然后把刀蛏码在铁板上，底上铺一层如雪的海盐，倒入腌渍过的原汁，放在火上烤，中火、小火，直至外壳发黄，水分全干。铁板刀蛏"韧结结"，很是弹牙，咸香浓郁，满口都是鲜爽。

最不济的便是爆炒，浓油赤酱，完全遮盖了刀蛏的鲜味，红艳艳的，倒人胃口。

此外，曾在古书中读到一种奇怪的吃法——"糟蛏"，据说好吃到令"老饕狂叫"，清代词人陈维崧就专门写有一阕《青玉案》来吟咏。以前吃过糟鱼、糟鸡，想来"糟蛏"风味应该不差，待日后可尝试一番，说不定又是一道海岛名菜呢。

清代顾仲《养小录》中则记录了一种"蛏鲊"：以一斤蛏子一两盐的比例腌渍，随后洗净，把水控干，用布包起来，以石重压。再以姜丝、橘丝、葱丝、花椒、酒糟，与压好的蛏拌匀，装入瓶中密封，十天即可食用。

一般来说，海产品晒成干货后，会少几分鲜味，但蛏干反而别具风味。袁枚《随园食单》中记载商人程泽弓擅长制作蛏干，工序繁复，但滋味可与新鲜蛏子媲美。有一年，到台州临海参加活动，东道主备宴款待，其中有一道糟羹，据说是正月十四台州人必吃美食。糟羹以蛏干切碎吊鲜，辅以豆面、番薯粉、豆瓣、萝卜干、咸猪肉炖煮而成，热气腾腾，鲜香入味。一口气吃了两碗，实在不好意思再吃。

白袍素甲银鲳鱼

过完新年，天气逐渐转暖，万物复苏，又是一年春风浩荡的季节。对于一班老食客来讲，一场饕餮的海鲜盛宴已然拉开帷幕。号称长江三鲜的河豚、刀鱼、鲥鱼，在清明节前纷纷登场，以鲜和嫩作为武器，轮番攻占人们的味蕾。清明节后，就该轮到鲳鱼来唱主角了。

鲳鱼绝对是鱼类中的"白马王子"，有着不同于其他鱼类的俊俏模样，呈菱形扁平状的鱼身通体覆盖一层耀眼的银白，仿佛是海里精神抖擞的银甲将军。

清光绪《定海厅志》记载鲳鱼："一名锵鱼，身扁而锐，状如锵刀，身有两斜角，尾如燕尾，细鳞如粟，骨软肉雪白，于诸鱼甘美第一，春晚最脆。"四十一字便将鲳鱼外形描述得十分到位，并把它推上"甘美第一"的宝座。只是"状如锵刀"，这锵刀是何模样，到底没见过，只知道旧时有锵刀剪的行当，是否与此有关就不得而知了。

舟山人对鲳鱼似乎有所偏爱，特意为它取了好些名字。小时候叫"枫叶"，稍长些叫"车车片"，待成熟后又分出"长鳞""婆子"等称呼。这些称号的具体含义，已让今人有些费解，只能推测先民当初取这些名字时费了一番心思。

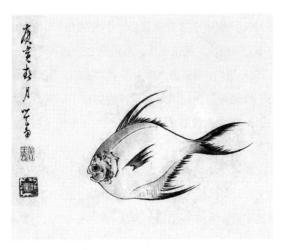

图 1 鲳鱼，溥儒绘

图 2 鲳鱼，《诗经名物图解》，日本细井徇撰绘

与流传于民间的称呼不同，古代志书中官方的说法则显得荒唐可笑。清雍正《崇明县志》中说鲳鱼："与石首同，时出海中。性最淫。鱼游于水，群鱼从之，食其涎沫，类娼，故名。"众所周知，很多鱼类都有聚集群游的习性，比如黄鱼，说鲳鱼"性最淫"，便明显有诽谤的嫌疑了。幸亏鲳鱼不解人言，否则它背负着如此恶名，还不去龙王面前告状，翻点波澜么？

舟山海域一年四季皆产鲳鱼，以清明后至夏至这段时间最为肥美。此时的鲳鱼不仅体厚膘肥，而且大多孕育着鱼子，更是增添了不少风味。而鲳鱼肉质细嫩洁白，晶莹如凝脂，又肥厚少刺，没有了鱼刺哽喉的顾忌，吃起来鲜爽带劲。

海岛民间一直有用雪里蕻腌咸齑的传统，在鲳鱼上市的季节，搭配着刚出坛的咸齑菜，两种原本极不相干的食物，前世注定般地纠缠在一起了。咸齑鲳鱼是最经典的吃法，咸齑的脆爽中浸润着鲳鱼的鲜汁，唇齿甫动已经满口溢香。而现在，光是想想便能让人舌尖生津，垂涎欲滴了。

如果将咸齑换成梅干菜，再选一条称作"婆子"的两三斤重的鲳鱼，那么这一搭配几乎已臻完美。梅干菜烤"婆子"是海岛上招待客人的招牌菜式，一般只在有重要客人时才会上桌。"婆子"相较于普通鲳鱼更加肥美，梅干菜经过几番蒸煮曝晒会形成独特的甜味，二者结合，甜中带鲜，鲜后回甘，当得起古人"甘美第一"的推许。

海岛民间对鲳鱼宠爱有加，稍有变质或破损的都不舍丢弃，这固然是渔民节俭淳朴的民风使然，但很大程度上也见出对鲳鱼的珍视。这些稍次的鲳鱼，渔民会用来制作另一种美食，即"糟鲳鱼"。将鱼晒干后，切成块，拌上酒糟，藏于密封坛内，等待半个月左右即可开坛取食。蒸熟后糟香扑鼻，鱼骨酥软若无，入口滋味绝佳，堪称舟山下饭菜中的极品。

有趣的是，"糟鲳鱼"一词被舟山人引申出了独特的含意。形容某人听到好话或得到表扬后，兴奋得意的情形如同骨头酥软，就会说骨头像"糟鲳鱼"一样。笑过之后仔细想想，似乎也找不出其他更适合的词语，足见舟山人的智慧。

鲳鱼的另一特点也被运用到日常的戏谑中，比如取笑某人嘴巴小巧，就会说其是鲳鱼小嘴巴。说也奇怪，平常所见的鱼类，几乎都有被鱼钩钓取的可能，唯独鲳鱼，从来没有被钓上来的实例。是鲳鱼生性机警，还是因其嘴巴小吞不下鱼钩？这就需要鱼类专家去考证一番了。

当舟山的大小黄鱼、墨鱼、带鱼四大渔汛[①]相继消亡之后，仅剩下鲳鱼还尴尬地维持着不温不火的汛期。每年的农历三月半至四月半的一个月时间，是捕捞鲳鱼的黄金期。渔民们

---

① 四大渔汛，渔民根据鱼类集群性洄游的特点，进行跟踪捕捞，称渔汛。嵊泗海域形成的大黄鱼、小黄鱼、墨鱼、带鱼汛期，合称四大渔汛。

在近海设置流网，日夜操劳，祈盼"海龙王推倒庄"[①]，能有个好收成。

鲳鱼渔汛也是渔民上半年最重要的收入来源，渔民对此的重视程度不亚于任何事情，一家上下都会时刻关注前方渔获的产量，依靠当下发达的通讯，一些相关数据会准确传递到后方。于是，欣喜或不安的情绪即时笼罩在渔嫂们脸上。偶尔一两次的丰产，在渔村会迅速造成轰动，不断有艳羡的口吻传递着讯息。

还记得幼年时随父亲出海，晕得一塌糊涂的我只能裹着大棉袄，斜躺在驾驶台旁。正用力拉网的父亲随手丢来一尾银光闪耀的大鲳鱼，而我只能昏昏沉沉地瞟上一眼。

多年之后，随着父亲的逝去，与他相关的一切都已黯淡模糊，只有那尾鲳鱼还时常跃动在我的梦里，银光闪耀，鲜活如昔。

---

① 海龙王推倒庄，渔民风趣地将渔业生产视为海龙王坐庄的赌博，寄望海龙王手气差，而让渔民获得好收成。

神奇的鲨鱼

鲨鱼样数真多猛:

皮蛋鲨,嘴巴长;和尚鲨,糙绷绷;

书生鲨,扁扇相;老鼠鲨,尾巴长;

白蒲鲨,铮骨亮;太婆鲨,乌鸦样……

这是流传于嵊泗列岛的渔谣《抲鱼调》[①]中的一部分。渔民们用这种歌谣,传唱着识别不同鱼类的方法,上面提到了六种鲨鱼和它们的特征。

舟山海域物产丰饶,历来为海鱼渊薮,鲨鱼亦为常见之物。宋宝庆《四明志》中就记录了"白蒲沙""黄头沙""白眼沙""白荡沙""青顿沙""斑沙""牛皮沙""狗沙""鹿文沙""乌沙""鲛沙""魟沙"等多达二十种的鲨鱼。体型庞大的姥鲨、鲸鲨,被冠以"大"字,称作大鲨鱼,体型较小的灰星鲨、双髻鲨则无此待遇。

---

① 《抲鱼调》,流传于海岛的民间小调,是渔民对渔业生产经验和规律的总结。

图 1　虎鲨，《海错图》

　　一提起鲨鱼，人们总会将之与凶残嗜血的冷面杀手联系起来，可姥鲨和鲸鲨却属于鲨鱼中的另类，据说性格温和，无甚危害，常浮至海面静卧。早前，嵊泗渔民驾驶小船，划行至大鲨鱼近旁，以带有长绳的大铁钩扎住鲨鱼胸部或刺入口中，鲨鱼负痛潜入海中逃遁，等到其疲乏无力时，可循着绳索捕获鲨鱼。

　　明代谢肇淛《五杂组》中记载有古代捕鲨鱼法，与嵊泗大致相同："鲨鱼重数百斤，其大专车，锯牙钩齿，其力如虎。渔者投饵即中，徐而牵之。怒则复纵，如此数次，俟至岸侧，少困，共拽出水。"用民间俗语来概括，就是"放长线，钓大鱼"。海鱼力大，几斤重的力道已经大得吓人，更何况千百斤重的大鲨鱼，所以对付海鱼不能力敌，只能智取，要耐着性子遛到它们疲惫才行。当下的海钓客们深谙此道，往往能钓得大鱼。

　　1929 年 5 月 25 日的《申报》有一则报道，说的是吴淞水产学校学生在嵊泗花鸟山海域捕获大鲨鱼："吴淞炮台湾水产学校鱼捞科学生十余人，前日乘集美第二号捕鱼机轮在宁波花鸟山阳面捕获大鲨鱼一尾。当在该处雇一驳船，于昨日运至炮台湾海滨旅馆门口浦边，闻信往观者拥挤异常……按该鲨鱼头到尾长二丈二尺余，重约四十五担，周身乌黑，远望犹似牯牛一只，两目似鸭蛋相仿，口阔二尺余，形状凶恶，甚为可怕。"据当时的水产界人士鉴定，这尾鲨鱼为姥鲨，

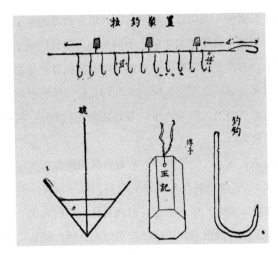

图 2　鲨鱼拉钓装置

长约 10 米，身围 4 米，重约 3000 公斤。当时在中国近海捕获姥鲨实属难得，因此成为沪上奇闻，一时轰动，引起许多人好奇和围观。

我在少年时代曾见过几回渔民们捕获的大鲨鱼，大伙蜂拥到村口的大沙滩上围观，热闹程度不亚于过节。只是那时年幼懵懂，不清楚是何种鲨鱼，就知道黑黝黝的像条倒覆着的舢板船。一帮顽童在鲨鱼鳍翅上攀爬跳跃，好不兴奋。

渔民捕猎鲨鱼，为的是获取鲨鱼鳍，以制名馔鱼翅。鱼翅，以鲨鱼背、胸、尾等处的鱼鳍制成，为古代八珍之一，

图 3　绿鲨鱼皮剑鞘

素为权贵们所热衷。清代郝懿行在《记海错》中写道："沙
鱼……其胁乃在于鳍，背上腹下皆有之，名为鱼翅，货者珍
之……酒筵间以为上肴。"据《清稗类钞》记载，清道光时期，
食客对鱼翅推崇备至，价格昂贵，"粤东筵席之肴，最重者
为清炖荷包鱼翅，价昂，每碗至十数金"。一碗鱼翅，竟然
需白银十多两，对比当时每石一二两的粮食价格，贵得令人
咋舌。

　　听说有些地方的渔民，捕获鲨鱼后通常只割取鱼鳍，然
后将仍然活着的鲨鱼扔进大海，让其在极度痛苦中自生自灭，
十分残忍。

　　过去，宁波奉化、象山一带的渔民，以嵊泗诸岛中的嵊山、
花鸟、绿华为根据地，用拉钩采捕鲨鱼，制作鱼翅，行销至
宁波等地。渔民们在海上设一长绳，上系浮筒，下以锚碇固定，
长绳下密悬钓钩。拉钩所获鲨鱼以白鲨、青鲨、犁头鲨、花

图 4　书生沙，《中国海鱼图解》

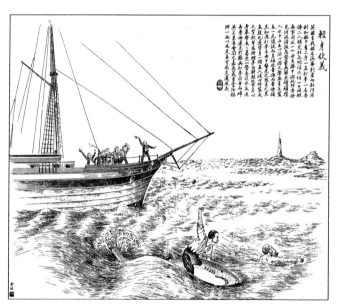

图 5　轻身仗义，《点石斋画报》

图6　鲨鱼，《金石昆虫草木状》

罗鲨、虎头鲨、丫髻鲨为多。白鲨最上，不论大小，其鳍均可制翅，一尾可制鱼翅八枚；青鲨、犁头鲨稍次，在四五十斤以上者才能制翅，青鲨仅能制四枚。其他的鲨鱼，则只能剥皮制为鱼皮。

鲨鱼皮质地柔韧，是上好的皮料，古代许多名贵刀剑鞘以木为骨，外覆鲨鱼皮。从前听演义评书，一些大侠出场时经常有"背后斜插宝剑，绿鲨鱼皮鞘，金饰件，金吞口"的描述，仿佛没有鲨鱼皮装饰的宝剑，就不能彰显其身份一般。其实，鲨鱼皮不单是制鞘的好材料，更是一味佳肴，或红烧，或做成羹汤，是潮汕一带的美食。

　　我至今未得品尝鱼翅，一想到血淋淋的割翅场景，谁还下得了筷子？小鲨鱼倒是吃过几次，鱼肉鲜嫩无比，至今怀念。只是鱼皮上密布细小粗糙的鳞甲，需用热水烫熟，随后用刀刮去，谓之"退沙"。早前海产丰富，父亲从事近洋张网，偶尔能捕获一两尺长的鲨鱼。其中有称书生鲨的，如戴着古代书生的帽子，长相最为奇特。

　　近些年，海岛游逐渐热火起来，一些外地朋友来吃海鲜、游海水，常常询问："海里有鲨鱼，游泳不危险吗？"我开玩笑地说："鲨鱼有啥好怕，我们骑着玩呢。"金庸《射雕英雄传》中，就有老顽童周伯通骑鲨鱼的情节，遨游沧海，纵横自如，着实令人羡慕。可现实中，谁能或者谁敢骑鲨鱼啊。不过，清末的《点石斋画报》中记有一奇闻，比骑鲨鱼更令人拍案称奇。说是英国一军舰中，水兵甲、乙二人交情甚笃。一日，两人在港内泛舟垂钓，甲忽兴起，脱衣入海游泳。乙在舟中，见一鲨鱼向甲游近，眼看甲性命堪忧。情急之下，乙大吼一声，跃上鲨鱼背，狠命一拳。鲨鱼吃痛，潜水而逃。

　　乙兵勇猛如此，恐怕比景阳冈打虎的武松还要厉害几分。只是这鲨鱼皮糙肉厚，吃人一拳竟然逃走，真是有损鲨族威风。

　　鲨鱼凶恶，古人多将其与老虎扯在一起说事，一个是海中霸王，一个是山林之王，倒也般配。甚至还有虎由鲨鱼所化的说法，明人胡绍曾《诗经胡传》就说："海中有鲨，常化为虎。"明万历《雷州府志》更是言之凿凿，说鲨鱼化虎多发生在暮春时节，"鲨鱼化虎：海中有鱼，长四五尺，首春皆有骨刺，其斑如虎，能食人，暮春时化"。

除了鲨鱼化虎的传说，古代岭南地区还将一种带斑纹的鲨鱼称作鹿。岭南地区气候温暖湿润，资源丰富，几乎所有的动物在当地人眼中都是美食，并赋予其新的名称。宋代张师正《倦游杂录》云："岭南人好啖蛇，易其名曰茅鳝，草虫曰茅虾，鼠曰家鹿，虾蟆曰蛤蚧，皆常所食者。海鱼之异者，黄鱼化为鹦鹉，泡鱼大者如斗，身有刺，化为豪猪，沙鱼之斑者化为鹿。"

其实，带斑纹的鲨鱼"如犁头，背斑文，如鹿"，属于豹纹鲨、鹿文鲨一类，古人见其身有斑纹，于是将之与陆地上的鹿联系在一起。

到了清代，鲨鱼变得愈发神奇，不单能化虎、化鹿，还有了变化的细节，给人极强的现场感。清代吴绮《岭南风物记》中记载："海南沙鱼，暑天上沙滩，滚跌逾时即变虎、鹿二种。其变虎者顶无王字，行不能速。其变鹿者角无锋棱。至冬月复入水为鱼。"夏天，鲨鱼在沙滩上打几个滚，就能变成虎和鹿，到了冬天再变回原形。只是这虎头上没有王字，鹿也没有锋利的棱角，与真正的虎、鹿还是差了一截。

人人争夸小鲥鱼

清明，是时序交替的阶梯，也是唤醒老饕们味蕾记忆的快捷键。人们还未从明前茶的甘爽清醇中回过神来，一尾透骨新鲜的小鲥鱼又跃上了案头。

"当春乃发生"，在乍暖还寒的天气里，小鲥鱼游向海湾，储存了整整一个冬天的脂肪，将身体撑涨得饱满丰腴。渔人们整理网具，给船只加满柴油，迎着仍带寒意的海风驶船出海，为的就是尽可能多地捕获小鲥鱼。这个时节的小鲥鱼是无数人为之倾倒的尤物，为了能够尝到这一口"心头好"，人们早早地等候在渔船码头、市场门口。一筐半筐沾着海水腥咸气息的小鲥鱼，甫一露面，便被争抢一空。

在岛上，人们多将小鲥鱼清蒸，除此之外，别无他法。一撮盐、几片姜，简简单单，清清爽爽。在海错一族中，小鲥鱼是江南的清丽女子，是清新的晨露、婉约的小词，只适合布裙荆钗的装扮，若是让它珠翠满头，既失了本真，又俗不可耐。

许多海岛人享用了一辈子小鲥鱼，却一直误以为它是鲥鱼的幼鱼，殊不知二者只是形似而已。小鲥鱼，学名斑鰶，又称青鳞、青脊、鳓鱼、鲅鲫鱼等。广东人称它为黄流鱼、

图1 青鳞，《中国海鱼图解》

黄鱼，山东人称作扁鳞、古眼鱼，其他还有刺儿鱼、磁鱼、春鳞、鲮鳞鱼等称呼。成熟后的斑鳞鱼，略似鲥鱼而体较小、滋味相近，于是舟山人便将之称为小鲥鱼了。

清光绪《定海厅志》记载："鳞，如鲥而小。身扁而鳞色俱白，俗呼作青脊鱼，以背上一条青脊得名。非青鲫鱼也。其膏腴甚美，在诸鱼之上。"腴，腹下之肥肉也，古人认为小鲥鱼之味美在于其腹，远胜其他鱼类。肥厚的肚膛便是小鲥鱼精华所在，夹起一筷，只需轻轻啜吸，满口都是肥腴的汁水，端的是入口即化。

海中有一些鱼不必刮鳞即可食用，去鳞后反而会大煞风景，如鲥鱼、鳓鱼、刀鱼，小鲥鱼也是其中一种。银色鳞片所蕴含的脂肪，在高温作用下沁入鱼肉中，令鱼肉更为鲜香肥美。曾听说过一件趣事——几个外地人初来岛上生活，听本地人聊起小鲥鱼的肥美，于是心生艳羡买了几条。不料剖杀时竟将鱼鳞全部去掉，烹食后向人抱怨，说鱼鳞不好刮、鱼肉不好吃。唉，真是不解风情的外行人，可惜小鲥鱼空有一腔幽怀，却落得一无用处。

俗话说：各花入各眼。悠悠世间众人，口味嗜好同样千差万别。在三国临海太守沈莹眼里，小鲥鱼的头才是佳馔。他在《临海水土异物志》中写道："鬶鱼至肥，炙食甘美。谚曰'宁去累世宅，不去鬶鱼额'。"这是当时流传于温台

图 2　斑鲦，《中国海鱼图解》

沿海的民谚。小鲥鱼丰腴多脂，经炭火炙烤后味道鲜美，特别是鱼头，食后更是令人难忘。时人夸张地说：宁可不要祖上传下来的房宅，却不可不吃小鲥鱼的头。看来小小的鱼头几乎被当地人视作人间至味了。

在古人的饮食谱系中，松江四鳃鲈可谓久负盛名，但在明代松江人冯时可看来，小鲥鱼完全可以与之平分秋色。他在《雨航杂录》中说："青鳓鱼，冬月肥美，海错之佳者。或以此敌松江之鲈。"宁波人屠本畯也说小鲥鱼"其膏腴甚美，出奉化县，士庶咸珍之，在俱鱼之上"。古人不吝夸饰之辞，一说"海错之佳者"，一说"在俱鱼之上"，完全把小鲥鱼推崇到至高的地位。海中水族万千，能让古人如此推许的，也就寥寥数种而已。而小鲥鱼的肥美甘腴，也的确当得起古人的盛赞。

在岛国日本，人们多以小鲥鱼制刺身食用。有经验的厨师将小鲥鱼去鳞、去头及背刺，沿鱼肚打开鱼腔，剔除中间大骨，片成鱼片，码在冰碎上装盘。据品尝过的人称，小鲥鱼刺身入口软嫩、细腻、微甘，回味无穷。这种近乎不起眼的小鲥鱼，在日本却是鱼中贵族，每斤在三千元人民币上下，价格着实不菲。

在舟山，小鲥鱼则要平民了许多，几十元一斤的价格尚能为人们所接受。开春后的一两个月里，小鲥鱼是一些人家待客的主菜。刚出锅的清蒸小鲥鱼一端上桌，就会被识货者抢先下箸。一些老饕喜欢温些绍兴黄酒，就着小鲥鱼喝上几杯。黄酒温润淳厚，不似白酒性烈、啤酒性淡，恰好能与小鲥鱼呼应，回味更为鲜美。

邻居中有以业渔为生的，某次帮了他一个小忙，事后拎来八九条刚捕的小鲥鱼，百般推辞不得，只好收下。这些鱼明显是邻居精挑细选过的，不但个头壮硕，而且鱼身肥厚，足足三四两重。当即蒸了两条。出锅后清香四溢，汤汁中浮着一层油花，令人口舌生津。于是备菜烫酒，直吃得满嘴流油，心满意足。

可惜的是，清明过后，小鲥鱼体内油脂消耗几尽，日趋消瘦，肉亦发柴发干，没啥吃头了。这让人心中很是惆怅——为尝这一口鲜，又要等上一年了。

奢侈的刀鱼

乍暖还寒的初春，陪内地来的朋友到东海渔村游览。在村口港湾旁碰见一位年长的渔夫。刚打鱼归来的渔夫小心翼翼地捧着一个小竹筐，一脸兴奋。边上有熟人打招呼："今天抲了几条。""哦，七条。"渔夫轻手轻脚怕摔坏宝贝似的掀开盖着的湿毛巾。我们也凑过去看，嘿，一片银光闪烁，原来是刀鱼。"能卖好几千了，发财了。"熟人打趣道。渔夫嘿嘿一笑，快步离去。

朋友不解，就这几条小小的鱼，能卖几千元？物以稀为贵嘛，这两天收购价都三千元一斤了。经过一番解释，朋友才疑惑地点点头。

刀鱼，又名鮆鱼，古称鮆鱼。在《山海经》中就有记载："苕水出于其阴，北流注于具区，其中多鮆鱼。"而在清光绪《定海厅志》中记载鮆鱼"子多而肥。夏初曝干，可以致远……一作鮆鱼，有鳞，长尾扁身。味美多脂……三月出者曰桃花鮆"。

刀鱼属于洄游鱼类，每年开春溯长江而上产卵繁殖。这个时节的刀鱼最是肥美异常。食客们将刀鱼与鲥鱼、河豚并举，美其名曰"长江三鲜"，而刀鱼上市时间尤早，更受一班饕餮之辈的追捧。

清人钱泳在他的《履园丛话》中将刀鱼标榜为"开春第一鲜美之肴，而腹中肠尤为美味"。一般吃鱼者，都会将鱼肠等物去除，谁会想到刀鱼之肠竟然会比鱼肉更加鲜美。当年游踪遍及大江南北的钱梅溪先生可谓深谙刀鱼之味。

清初文人兼美食家李渔，对于刀鱼可就没那么文雅有风度了。他在《闲情偶记》中写道："若江南之鲚，则为春馔中妙物。食鲥鱼及鲟鳇有厌时，鲚则愈嚼愈甘，至果腹而犹不能释手者也。"吃到肚饱还不想停手，没个三五斤下不来。估计此公遇见刀鱼时的贪婪模样，近似于吃人参果的猪八戒了。呵呵，美味当前也顾不了那许多了。

图1　鲚鱼（刀鱼），《海错图》

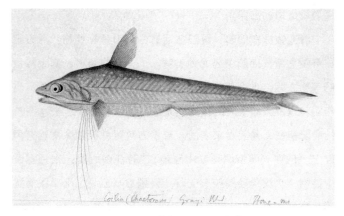

图 2　凤尾鱼（刀鱼之一种），《中国海鱼图解》

　　前些年，刀鱼在舟山并不算稀罕之物，集市上经常会有少量出售，在海岛渔村也属常见。虽说产量不大，但价格也不贵，偶尔尝尝鲜一般可以承受。

　　刀鱼以清蒸最能体现其鲜美，出锅后汤汁上会漂浮一层薄薄的鱼油，蒸腾而起的热气夹杂着鱼香扑面而来，那股鲜味仿佛能沁透心脾，让人迫不及待想一尝为快。鱼肉肥嫩不腻，入口即化，李渔所说"愈嚼愈甘"诚不我欺。

　　如果非要找点刀鱼的不足之处，就是它刺多容易卡喉。不过话说回来，任何事物都有它存在的理由，倘若没有了那些刺，估计刀鱼的鲜美也要打点折扣了。

　　袁枚在《随园食单》中提供了两种解决刺多的方法：一

是"将极快刀刮取鱼片，用钳抽去其刺"，二是"用快刀将鱼背斜切之，使碎骨尽断，再下锅煎黄……临食时竟不知有骨"。方法是好，但终嫌烦琐。

舟山人也发明出不为刺多困扰的吃法：将小条刀鱼裹上面糊，下油锅炸至酥脆再食。这方法的确简便，而且好食者众，只是我不甚喜欢。且不论油炸食品的危害，就算其他的鱼类用这一方法烹制，味道跟刀鱼一般无二，那又何必用刀鱼呢？在我看来，油炸刀鱼有点暴殄天物了。

曾看过一部关于刀鱼的纪录片，每年立春至清明这段时间，大量的渔船聚集长江口崇明岛一带捕捞刀鱼，而刀鱼资源受环境污染、过度捕捞等影响急剧衰减。产量下降的同时，价格不断攀升，在江阴、镇江等地的饭店，一斤刀鱼的价格已近万元。渔船蜂拥而至也带来了各种纠纷，甚至演变成流血冲突。当地政府只得成立专门机构来维持渔场秩序。

仿佛是一夜之间，刀鱼如"鲤鱼跳龙门"般从渔家的普通下饭，跃进高档酒楼，成为富人权贵们的专属。

可以预见不久之后，刀鱼也终将离我们而去。那渐行渐远的耀眼银色，将只能在我们的记忆里留下一道苍白的身影。

至味河豚

　　友人某君长年漂泊海上，以捕鱼为生。曾携一塑料袋来访，打开看时，心头一热，沉甸甸的一袋河豚鱼干。某君素来知道我嗜爱河豚，故其在繁忙的劳作之余，亲手将混在鱼货中的河豚逐一挑出、剖开、洗净、晒干。晒河豚鱼干可是件细致活，要把鱼的内脏和血迹彻底洗干净，来不得一点点马虎。要知道，河豚最毒的部分就是内脏和血，据说一丁点血液就足以夺走一个成年人的性命。

　　河豚的毒性在中国古代就已经有足够的认识，宋人沈括在《梦溪笔谈》中说："吴人嗜河豚鱼，有遇毒者往往杀人，可为深戒。"而明代的张岱《夜航船》中有更详细的记载："状如蝌蚪，腹下白，背上青黑，有黄文，眼能开闭，触物便怒，腹胀如鞠，浮于水上，人往取之。河豚毒在眼、子、血三种。中毒者，血麻、子胀、眼睛酸，芦笋、甘蔗、白糖可以解之。"

　　我们当地一般不会轻易拿河豚送人，因为风险太大，宰杀、烹饪过程中稍微不慎，都足以酿成大祸。到那时，馈赠的善意就不可避免地变成了害人的歹意。

　　和某君相交二十年，彼此知根知底。既然他胸怀坦荡地拿河豚送我，那我大可坦然地食而甘之。这些年的友情如老

图 1　花抱（河豚），《中国海鱼图解》

图2 鲐（河豚），《诗经名物图解》

图3 河豚，《金石昆虫草木状》

酒般越发醇厚，在小小的河豚身上表现得淋漓尽致。这种近似不避生死之嫌的情谊，或许能与古人所谓的刎颈之交比肩而论吧。

海岛人向来有吃河豚的习惯，只是近些年由于渔业部门禁止买卖等原因，岛民的餐桌上已经难得一见河豚的身影了。

我的少年时代，饭桌上常常会有一碗红烧河豚。母亲是料理河豚的好手，宰杀烹烧，从来没有失过手。她每次会烧上一大锅，一碗碗盛出来待汤汁凝固后再吃。鱼肉的鲜味、鱼冻的嫩滑，似乎至今仍在我的唇舌间回旋。

当时，父亲从事着近洋张网作业。每年春后，伴随着"糯米饭虾"①的旺发，河豚也大量上市了。个头一般不大，约摸两三寸长，青黑色有花纹的脊背夹杂在雪白的饭虾堆里，咕咕轻叫着，偶尔还蹦跶几下，一条条像可爱的生命精灵，丝毫不会让人想到它体内竟然含有杀人的剧毒。这些河豚一般不会出售，一是怕人买走后，食用方法不当，引起不必要的纠纷。二是数量不多，家里人也喜欢吃，况且还有我这个来多少吃多少的吃客。

母亲用剪刀从河豚的下颚处把它的肚皮剪开，顺势挑出鱼鳃和内脏，再用拇指重重地把淤血抠出，整个动作干脆利

---

① 糯米饭虾，即中国毛虾，色白，个体小，渔民将其比喻成煮熟的糯米饭。

落。最后用清水漂洗几遍，就可以下锅了。烧煮时还不能让灰尘等杂物掉进锅里，直到鱼肉熟透，尾部两侧的肉和骨头完全脱离，才能出锅食用。据老人们说，如果鱼肉没有熟透，或者不小心沾染了灰尘，那么吃下去就有生命危险了。

河豚的美味不单对普通百姓有着强烈的吸引力，古往今来的文人雅士们对此亦无法拒绝。东坡先生就极其喜欢吃河豚，甚至在晚年谪贬海南岛回忆吃河豚时，感慨说，值得一死。而他那首"竹外桃花三两枝，春江水暖鸭先知。蒌蒿满地芦芽短，正是河豚欲上时"的名作，让多少喜欢吃河豚的后来者吟咏再三，心生感慨。

现代文坛巨擘鲁迅先生也是河豚的忠实拥趸，早年留学日本时，经常光顾河豚餐馆，还写过一首无题诗："故乡黯黯锁玄云，遥夜迢迢隔上春。岁暮何堪再惆怅，且持卮酒食河豚。"看来，河豚不单单是饱人口腹之欲的美味，也是消除忧思、排解乡愁的无上妙品。

或许可以这么理解，喜食河豚者都是生活中比较豁达之人，既然有勇气吃河豚，那么生命历程中的一些失败挫折在他们看来又算得了什么呢？

煮一盘河豚鱼干，烫一壶温润的黄酒，在烟雨迷蒙的春日，我愿在弥漫着河豚鱼干的浓香中沉沉醉去。

裏

梅子熟　梅童来

　　烟雨江南的初夏，端的是好时节，枇杷黄、杨梅红，连东海深处的鱼，也应时而至，来赴这一场舌尖上的聚会。梅童，真是风雅，它懂得在霏霏细雨中踏波而来，一群群，如吟唱"梅子黄时家家雨"的诗人，让人情牵梦萦、失魂落魄。

　　梅童，朱口金鳞，头大身小，仿佛动画片中的"大头儿子"，长得童稚可爱。刚出水的梅童，金光闪烁，灿烂无比，手掌中好像托着块金子，不舍得放下。都说黄鱼七兄弟[①]，个个都是帅哥，但论样貌，都不及老幺梅童讨人欢喜。

　　梅童鱼，眼宜小、头宜大，才会为食客们所推崇。眼睛虽小，但黑亮有神，透着股劲头；头大，溜圆，虎头虎脑的有些憨态。渔民们对梅童有特殊的偏爱，"细眼梅童""大头梅童"，叫得很是欢乐，像是呼唤年幼的儿孙或是家中的宠物。仿佛不用这些个昵称，就无法表达对梅童鱼的喜爱。

　　尽管黄鱼七兄弟中的好几个已经赘入豪门，受权贵们追捧，身价不菲，但对于老百姓来说，梅童才是贴近生活的日

[①]　黄鱼七兄弟，人们把大黄鱼、小黄鱼、黄姑鱼、梅童鱼、鮸鱼、毛鲿、黄唇鱼，同属石首鱼科的七种鱼类称为黄鱼七兄弟。

图1 黄皮鱼（梅童），《中国海鱼图解》

常肴馔。早前，因保存不易，梅童价格极为低廉，民国《营口县志》就说:“惟肉细易馁，故价值最廉。”每到张网船拢岸，人们花上三两元，挑十来条梅童，浇几勺雪菜汁，清炖炖就是绝佳的下酒菜。一碗老酒，一盘梅童，简简单单，就能吃出个神清气爽，心满意得。

时下，海产不如以前丰富，连带着梅童也身价大涨。一些海鲜餐馆，黑心老板甚至会以梅鱼来冒充梅童鱼。有一年，几个外地朋友来访，安排在一家不常去的餐馆就餐。临时有事，我晚到了一会，发现点的清蒸梅童全是“李鬼”，立马跟老板交涉。他自知理亏，推说是服务员弄错了，说了很多好话，才免于被投诉。

梅鱼和梅童，虽仅一字之别，但在识货者眼里，两者的长相、口味及价格差得远了。梅鱼肉紧实，红烧味道不错，但不宜清蒸，因它缺乏梅童鱼的那股鲜甜味。外形上，梅童小巧玲珑，金光耀眼，梅鱼则要逊色几分。再说价格，几十元一斤的梅童已属普通，个大壮硕的则近百元，足令当家主妇们惊呼吃不起，否则一些饭店老板也不会以梅鱼来顶替了。

梅童鱼极鲜嫩，几乎无法用筷子夹起，人们只能匙箸齐用，整条扒拉到碗里。老食客们说，只要领略过梅童鱼的细嫩，黄鱼就只能归作粗粝和下等了。岛上方言以“坚决”（音）来形容鱼肉有嚼劲，鲜嫩则以“飘”来表述，印象中能当得起飘的似乎仅有虾蛄与梅童。但梅童与虾蛄略有不同，虾蛄肉嫩如水，梅童则甘腴适口，喉间有丝丝甜意泛起。但这些舌尖上的细微差异，恐怕只有资深老饕才能够体会吧。

前人以"新妇啼"来形容梅童的嫩。清乾隆《马巷厅志》云："石首……其小者为黄梅，俗号为大头丁，又曰新妇啼，以难烹调，过烂则釜无全鱼。"新媳妇过门，洗手做羹汤，想借此展示一番操持家务的本领，哪成想梅童鱼难以伺候，火候一过，碎成了一锅鱼糜，令新妇很是懊恼。

以前一直不解，梅童鱼缘何得名，梅乃极为风雅的字，童则有幼小之意，单从字面上看，绝非一般的渔民所能为。近览清人徐兆昺《四明谈助》，中有一说"或云梅熟鱼来，故名"。梅子熟、梅童来，仿佛古时恋人情深意笃的盟誓，"妾居长江尾""君自海上来"，读来令人神往。

民国《象山县志》另有一说云："石首小者梅童，亦呼梅头，出梅山洋，土人以槐豆花卜其多寡。"梅山洋，处象山、六横岛附近，海产素称富饶，所产鲻鲏享有盛名，梅童鱼以此得名倒也妥当。

明冯时可《雨航杂录》录有一则奇闻，称某些地方以槐豆花来预测梅童鱼况："鲰鱼即石首鱼也……最小者名梅首，又名梅童，其次名春来……土人以槐豆花卜其多寡，槐豆花繁，则鱼盛。"

槐豆花即槐树，夏初开花，所结果实如佛珠。当槐树花开，梅童鱼也正当上市之时，人们认为两者之间有种神秘的关联，槐树花开得越茂盛，渔民捕获到的梅童鱼也就越多，反之亦然。清代秦荣光所作《上海县竹枝词》中有"花占槐豆盛迎梅"句，即是言此。此说不知有何依据。今人揣测乃是民间流传的古老巫术——梅童鱼头上有细小的孔洞，宛如槐豆花大小，且两者同时而出，由此引发了人们奇幻的联想。

　　清人聂璜《海错图》中绘有"黄霉鱼"，或许就是梅童，"海中有一种黄霉鱼，形虽似石首而不大，四季皆有。一二寸长即有子，盖小种也……闽人云：黄霉不是黄鱼种，带柳不是带鱼儿"。吾乡也有类似渔谚，曰："梅童不是黄鱼种，鲳鱼不是婆子生。"闽浙相隔千里，渔谚竟会如此雷同，让人不禁怀疑：海水潮流相通，渔俗文化亦是相通。

　　据说梅童鱼富含磷质，是补脑妙品，适合儿童食用。有没有功效不知，但梅童鱼在夜色里能发出磷光倒是事实。有一年上夜班回家，猛地瞥见不远处墙角有白光莹莹，心头大怖，以为是乡间传说的"句灯笼"[1]，一时头皮发麻，双腿战栗，如灌了混凝土迈不开。待鼓起勇气，慢慢趋近，才发现是一堆丢弃的梅童鱼头。

---

[1] 句灯笼，鬼火，夜间出现的磷火。

形容不得的蛎黄滋味

　　每年一入夏，随着气温节节攀升，海滨广场上的烧烤摊也随之闹猛起来。夜幕下，经受白天炎热炙烤的人们走出家门，在清凉海风中用啤酒和美食犒劳疲惫的身心。空气中混杂着胡椒粉、孜然、辣椒油的气味，刺激着人们的嗅觉神经，浓烈而呛鼻。在烧烤架上，似乎任何食材都会有全新的呈现，从羊肉串、火腿肠、鸡翅、鸡腿，到螃蟹、大虾、秋刀鱼，以及茄子、韭菜、青椒，无不展现出别样的滋味。

　　近年来，炭烤生蚝在岛上颇为流行。摊主将小孩手掌大的蚝壳撬开，撒上蒜蓉，一个个排列在炭火架上。奶白色的蚝肉肥硕、多汁，在炭火的炙烤下发出滋滋的轻响。丝丝缕缕的清香飘散开去，撞入人们的鼻腔，勾引得"馋痨虫"[①]蠢蠢欲动。

　　生蚝，是南方沿海的称呼，在广东、福建、港澳地区很是流行。广东汕头的"蚝烙"、福建闽南的"蚵仔煎"、闽东的"炸蛎饼"，皆以生蚝制成，至今脍炙人口。以前在影视剧中，经常看到一些富豪大佬吞吃生蚝的场景，仿佛这是

————————————

① 馋痨虫，形容嘴馋的人，或指肚中有让人嘴馋的虫子。

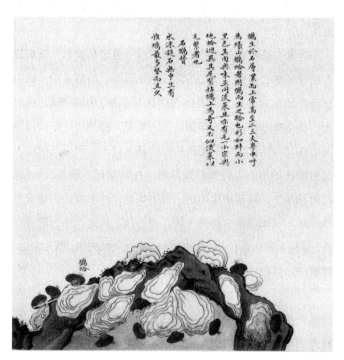

蚝生于石层累而上常高至二三尺粤中呼
为蠔山蠔蛤著閛蠔而生之蛤也形如蚌而小
黑色其肉與味並同凌茶且亦有毛一小宗與
他蛤迴异其尾紫粘蠔上為哥文不似淩茶以
王蠣者也
石蠣黄
水深邊石無中坐有
惟蠣最多堅而且久

图1 蛎，《海错图》

他们的身份象征。生蚝有另外一个通行的名字——牡蛎。在宁波、舟山等地，人们则将它称作"蛎黄"，是家常肴馔之一，如清光绪《余姚县志》卷六云："蛎肉俗名蛎黄，县人以为常馔。"

蛎黄，沿海皆有产，尤以浙东的宁波最负盛名。南朝诗人谢灵运嗜食蛎黄，他在品尝过永嘉郡所产的蛎黄后，认为还是宁波所产为佳。谢灵运在《又与弟书》中写道："前月十二日至永嘉郡，蛎不如鄞县。"鄞县，即今日之宁波。在宋宝庆《四明志》中，蛎黄的记载甚为详细，可见当时的人们对蛎黄的形态、习性相当熟悉，并已掌握采取方法："此物附石而生，魂礧相连如房，故名蛎房，一名蚝山。晋安人呼蚝莆……每房内有蚝肉一块，亦有柱。肉之大小，随房广狭，每潮来则诸房皆开，有小虫入，则合之以充腹。海人取之，皆凿房，以烈火逼开，挑取肉食之。"

同时，人们对蛎黄的药用价值也有了足够的认识，认为它具有美肤丽颜的作用。宝庆《四明志》记载："挑取肉食之，自然甘美，更益人，美颜色，细肌肤，海族之最贵者也。"都说海边女子明艳动人，不知其中是否有蛎黄的作用。

迨至清末，浙东海域的蛎黄仍久盛不衰，并远销至外埠。徐珂《清稗类钞》记载："宁波之象山港及台州湾所产最著名，有大小二种，并有绿蛎黄、鸡冠蛎黄、斧子蛎黄等名。大蛎黄取于象山之马鞍岛，运销上海。"如今，宁波奉化鲒埼所产的梅花蛎很出名，象山港旁的西店更是以产蛎黄而名声响亮。

前几年，在宁波结识画家戴君，他是西店团堧村人，受其邀请，曾至西店一游。团堧凤为蛎乡，所产蛎黄甚佳。席间，边吃蛎黄，边听戴君讲述当年蒋介石由团堧下海，乘"太康号"军舰赴台的轶事，一行人吃得兴味盎然，大呼痛快。

早前，岛屿周边的潮间带大多未遭破坏，原始并充满生机。潮水退去，湿漉漉的礁岩上，紫褐色、淡黄色的蛎黄，或零星散布，或层叠累积，这是许多人的衣食渊薮。岛上的渔家妇女趁着落潮后的几个钟头，携带撬挖蛎黄的工具，走向她们赖以谋生的海滩。她们涉水攀岩，不辞辛劳，用简陋的"蛎黄扎钩"和布满血痕的十指，来赚取一家老小的饭米钿和孩子的学费。一粒粒肥硕丰满的蛎黄，隐含着渔家人的种种艰辛和不易，让人唏嘘回味。

小时候，我经常流连于礁丛之间，钓鱼、捡螺、"打蛎黄"。野生状态下的蛎黄并不像养殖的那般硕大，大多如羹匙大小。要从坚硬的壳里撬出蛎黄肉来并不容易，不能用蛮力，要以巧劲，将"蛎黄扎钩"从蛎黄壳的边缘薄弱处击入，轻轻撬开，顺势用钩尖将蛎黄肉钩出。海岛人似乎具有某种与生俱来的技能，有各种方法来获取他们想要的食物，比如拱淡菜，比如"打蛎黄"。记得第一次跟着邻家婶婶到海边"打蛎黄"，我竟能把"蛎黄扎钩"运用如飞，扎、挑、钩，一气呵成，

图 2　牡蛎，《金石昆虫草木状》

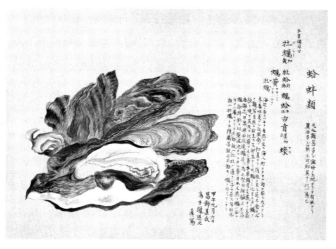

图 3　牡蛎，《梅园介谱》，日本毛利梅园绘

看得邻家婶婶惊讶不已。那一次，拎着沉甸甸的小半桶蛎黄回到家里，母亲也很吃惊：这完全是"打蛎黄"老手的水平。

嵊泗民间流传的蛎黄看馔有多种，做法并不烦琐：蛎黄与鸡蛋液稍加调拌，入油锅摊成饼，鲜嫩适口。或以清水白煮，喝汤吃蛎肉，鲜不可言，但一斤半斤的蛎黄，舀过几匙即已告罄，有意犹未尽之憾。最适宜的还是做羹，佐以芹菜丁、香菇丁，脆爽滑嫩，鲜香可食。以前，母亲时常会擀些手工面，一条条切成手指宽，与蛎黄、长蒲同煮，一家人吃得腹鼓肚胀，犹不尽兴。

在我看来，未经烹制的生蛎黄吃来别具风味，更胜一筹。时下的一些餐馆中，有生蛎黄可点来蘸芥末吃，养殖的蛎黄肉质糟软，滋味淡薄，被强烈的芥末气味一冲，鲜味全无。

感觉最好吃的，还是过去"打蛎黄"的时候。每当从蛎壳中挑出特别肥壮的蛎肉时，看得眼馋，管它三七二十一，丢入口中吞下。蛎肉嫩滑，汁水鲜爽，稍微有些许海水的腥咸，满口自然纯粹的味道。这恐怕是品尝蛎黄最合适的环境了，远处碧海轻澜，微风卷起雪白的浪花，近处是耸动着野趣的世界——石蟹窸窸窣窣爬过礁石，小鲶鱼甩了甩尾翻起水花，不知名的小贝们翕张着双壳发出轻响……世上哪有如此辽阔并充满乐趣的饭店包厢啊。

行文至此，想起明代陆树声《清暑笔谈》中记录的一则趣事："东坡在海南食蚝而美，贻书叔党曰：'无令中朝士大夫知，恐争谋南徙，以分此味。'"

　　苏东坡一生仕途蹇促，屡遭迁贬。他被贬到海南岛以后，吃到当地渔人赠送的蛎黄，觉得味道十分甘美，从来没吃过这么好吃的。用他自己的话说，就是"食之甚美，未始有也"。乐天派的苏东坡写信给小儿子苏过（字叔党），说：海南的蛎黄如此好吃，千万不要让朝廷的官员们知道。他们知道有如此美味，就会争着到海南来，分我的蛎黄吃。

　　当时的海南岛属蛮荒之地，烟瘴遍地，蛇虫横行。苏东坡在那里过着"夏无泉，冬无炭，食无肉，病无药"的苦日子，几乎没有生还内地的可能。但坡公旷怀达人，蛎黄一吃，豪气顿生：贬我到海南又如何？有如此美味，足矣。

　　蛎黄的甘美，连东坡先生也为之倾倒，更遑论我辈俗人了。面对美食，文字显得苍白无力，最直接最简单的表述就是——好吃。正如明代人张如兰在《蛎房赞》中写道："是无上味，形容不得。"美食当前，却无法形容，亦是人间一桩苦事。

芳鲜雪鳓乘潮来

在舟山，时常会听人们提到一种"雷鱼"，估计有些外地人会产生疑惑：什么雷鱼，鱼雷吧？其实，雷鱼确实是种鱼，一些地方甚至还有写成力鱼的。雷鱼是方言俗语，力鱼是方便书写，不管如何称、如何写，这鱼指的就是海里的鳓鱼。

鳓鱼颜值颇高，属于海族中的"白马小将"，一身银光闪烁的鳞甲，十分亮眼。鳓鱼外形与鲥鱼相近，口感亦极相似，前人多将二者并列。清人李元在《蠕范·物候》中就写道："鳓，勒鱼也，肋鱼也。似鲥，小首细鳞，腹下有硬刺。常以四月至海上，渔人听水声取之。"

舟山渔民说鳓鱼肚下有把刀，所谓的刀是指鳓鱼腹下的硬质棱鳞。鳓鱼游速极快，舟山渔谚"小小鳓鱼无肚肠，一夜游过七爿洋"即是言此。棱鳞在水中快速划过，如刀刃般锋利，一般鱼类还真不敢直撄其锋，唯恐避之不及遭其毒手。鳓鱼之名即来源于此。李时珍《本草纲目》就说鳓鱼"鱼腹有硬刺勒人，故名"。

鳓鱼入馔，至少有着上千年的历史。南宋吴自牧《梦粱录》中就录有鳓鱼干制的"鳓鲞"。明代，渔民以冰保鲜，将鳓鱼运销各地，形成了水产流通业的雏形，明代黄省曾《鱼经》

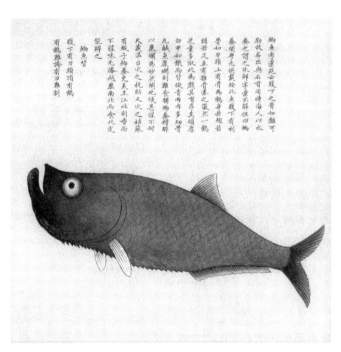

图1　鲫鱼，《海错图》

中云："有鲥鱼……海人以冰养之，而鬻于诸郡，谓之冰鲜。"有趣的是，冰鲜一词在今天的水产行业仍广泛使用，冰鲜船、冰鲜货……作为佐餐佳肴，古代的文学作品中常提及鲥鱼。《金瓶梅》中有"一碟子柳蒸的鲥鱼鲞"，《红楼梦》中有"鲥鲞蒸肉"等。

清代美食家袁枚的《随园食单》有名馔"虾子勒鲞"的记载，甚为详细："夏日选白净带子勒鲞，放水中一日，泡去盐味，太阳晒干，入锅油煎，一面黄取起，以一面未黄者铺上虾子，放盘中，加白糖蒸之，以一炷香为度。三伏日食之绝妙。"以鲥鱼鲞与河虾子一起烹饪，从选料、漂洗、曝晒、浸制鱼鲞，到滚满虾子，工序颇为繁复。据说，虾子勒鲞有着香鲜、咸甜、脆酥等多层次的滋味。至今，虾子鲥鲞仍为苏州名特产品，是当地饮食文化中一道不可或缺的风景。2019 年曾漫游苏州数日，早知道有此佳肴，肯定要去领略一番的。

早前，我对鲥鱼的印象并不是很好。鲥鱼刺多，而我实在不善于吃鱼吐刺，无数次芒刺在喉的经历，让我对多刺的鱼类心存忌惮，其中自然包含鲥鱼。其实，单看鲥鱼银光闪烁的样貌，就很能勾起人的食欲。说起来，作为土生土长的海岛人，因对鱼刺有所畏惧而不敢向鲥鱼下箸，只能看着别人大啖，也是一件应当羞愧的事情。

前些年在嵊山岛朋友家就餐。主人殷勤地推荐两道鲥鱼菜肴，其一是清蒸鳓鱼。时值端午，正是鳓鱼最为肥美的季节。主人以新鲜鳓鱼，辅以海盐、生姜、葱段、绍酒等清蒸。端上桌后，鳓鱼通体银鳞，点缀着姜黄、葱绿，再配以牙白的瓷盘，看着就赏心悦目。拗不过主人的盛情，用箸尖挑了一小块，入口细软嫩滑，几乎可以与鲥鱼媲美，让我这个"恐鳓者"不禁连连下筷，大呼好吃。

值得称道的是鳓鱼腹内的"鱼白"，肥腻细嫩，十分鲜美，让人至今犹念。后来读到清人李渔的《闲情偶寄》，书中对"鳓鱼白"给予极高评价："其不甚著名而有异味者，则北海之鲜鳓，味并鲥鱼，其腹中有肋，甘美绝伦。世人以在鲟鳇腹中者为'西施乳'，若与此肋较短长，恐又有东家西家之别耳。"所谓肋者，即是鳓鱼鱼白。在李渔看来，若把鳓鱼白比作西施，则素称"西施乳"的鲟鳇鱼白与之相比，就高下立判，有东施效颦之嫌了。

另一道是三抱鳓鱼揾海蜇头。鱼肉隐隐有臭味，而且咸得泼辣、霸道，但入口却极香，鲜中略带丝丝甜意。很难想象，毫不起眼的一道菜中，竟然有如此丰富的味觉体验。更绝的是，海蜇头切丝揾着鳓鱼卤汁，鲜咸合一，口中嚼着嘎嘣脆，端的是爽脆可口。正应了宁波人的一句俚语："桂圆荔枝吃一担，不如鳓鱼碗里蘸一蘸。"

用盐腌渍鱼类，俗称"抱盐"，三抱鳓鱼即指经过了三次腌渍的鳓鱼。据主人讲述，三抱鳓鱼系新鲜鳓鱼经三次重盐腌渍，历时达数月之久。制作工序复杂烦琐，手法看似简单，实则难以掌握，完全凭祖辈口口流传的诀窍和个人积累的经验行事。

舟山一些餐馆多将三抱鳓鱼标榜为招牌菜，其实大部分是只腌过一次的咸鳓鱼。制作三抱鳓鱼既费时又费力，时下很少有人会耗费精力和时间去制作，也很少有人熟稔此技，除非是十足的吃货，或者是有情怀的美食家。不过，话说回来，三抱鳓鱼咸臭相兼，口味如此之重，并不是所有人都能领会

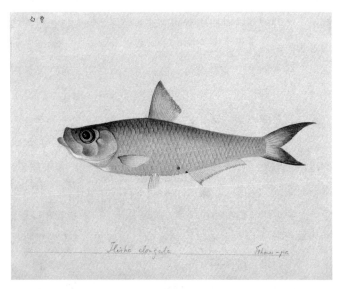

图 2　曹白（鳓鱼），《中国海鱼图解》

其中三昧。

吃罢鳓鱼，还有好戏在后头，主角便是吃剩的鳓鱼骨。元代贾铭《饮食须知》记载："甜瓜生者，用勒鱼骨插蒂上，一夜便熟。"想不到，鳓鱼骨有着如此奇妙的用处，竟然能做农作物催熟之用。想想也难说，世间万物，说不定都有着丝丝缕缕的关联呢。

海岛上流传着鳓鱼骨制仙鹤的秘技，当下知者寥寥。2019 年，接待杭州来采风的一群作家，席间有清蒸鳓鱼。岛上作家杨老师取下鳓鱼头，略加清理，拆解成一堆大大小小的鱼骨。在一众作家的注视下，杨老师像搭乐高玩具一般，将鳓鱼骨拼来凑去，片刻工夫，一只玲珑剔透的仙鹤玉立在桌上了。尖喙曲项，振翅欲飞，众人拍手称奇。

其实，鳓鱼骨制仙鹤流传已久，早在明代，人们就已经发现这一好玩事了。据《食物本草》记载，鳓鱼"头上有骨，合之如鹤喙形"。清代诗人赵翼为此赋诗云："强合飞潜性，能令臭腐神。"由此看来，鳓鱼骨制鹤少说也有四百余年的历史，堪称渔民游艺活化石。而更让人称奇的是，民间传说，用细线将鳓鱼骨制仙鹤悬于室内，根据其身体的转向，还可以预测天气变化呢。

海螺的世界

海螺的世界，说小也小，说大也大。说它小，海螺绝对是海里的小不点，小巧玲珑，毫不起眼；说它大，是因为仅中国海域就有着庞大的海螺家族，据说品种多达2500个，单把名字列出来，就是厚厚一本书了。

浙东海域，能叫得上名来的海螺可达数十种，宋宝庆《四明志》中，就记有香螺、刺螺、辣螺、拳螺、剑螺、丁螺、斑螺、鹦鹉螺等。宋人洪迈《夷坚志》录有一则"虞一杀螺"，说的就是宁波地方之事："奉化海上渔人虞一，以取砑螺为生。每得时，率用生丝线作圈套其上，候吐肉出，则尽力系缚之，急一拔，了无余蕴。"可见早在宋代，沿海渔人就懂得取海螺为食，而且针对海螺特性，发展了相应的捕杀技术，只是旧事渺茫，"砑螺"为何物已不可知矣。

海螺不单可食，还可做多种用途。古人记载有一种海螺，壳顶穿孔后，吹之声响而远，可做乐器、行军号角和宗教法器，唐代白居易就有"玉螺一吹椎髻耸"之句。过去，岛上渔民以吹螺壳为号，做海上呼应之用，"呜呜"声里，渔舟齐发。古人甚至剖螺壳做酒器，梅尧臣诗"海月团团入酒螺"即是言此。另有一种叫海宝贝的螺，锦色斑斓，可以串为挂饰，

图 1　海螺，郎世宁绘

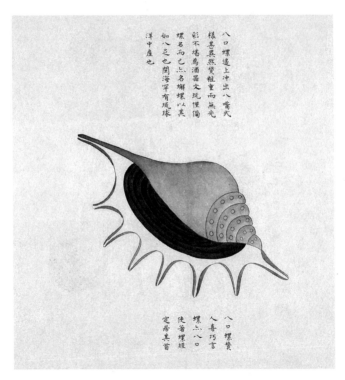

八口螺造上冲出八嘴弍
様甚異然覺粗重而無光
彩不楮為酒器文玩惟備
螺名而已心名瓣螺以其
如八之也閩海寧有琉球
洋中産也

八口螺賛
人喜巧言
螺点八口
徒著螺短
定喈其首

图2　八口螺，《海错图》

为早前岛上的小女孩们所喜爱。

记得小时候，曾听婶子们讲过"海螺姑娘"的故事，近读唐人徐坚《初学记》，中引西晋束皙《发蒙记》所载海螺一奇事，方知"海螺姑娘"源于此："侯官谢端，曾于海中得一大螺，中有美女，云：我天汉中白水素女，天矜卿贫，令我为卿妻。"当年婶子们取笑说，给你娶个海螺姑娘，要不要？懵懂的年纪，只知道羞怯得红了脸，换做如今，肯定回答：天上掉下个林妹妹，似一只青螺刚出水……

早前资源丰富，嵊泗列岛浅海礁岩间多生长有各种海螺，获取较为容易，在海边长大的，几乎都有着赶海捡螺的记忆。过去学业轻松，再兼顽劣好动，那湾充满乐趣的海滩着实诱惑着岛上的少年。每逢大潮汛到来，课堂里的男生总会少了一大半，老师们也明白，海螺的魅力比上课可要大多了。

一只包装带编织的篮子，一把钢筋弯成的铁钩，是我捡海螺的全部装备。熟悉地形，再加上胆大敢于涉险，每次我的篮子总是沉甸甸的。根据潮水、季节的不同，我知道哪里可以寻觅它们的身影——芝麻螺喜欢淡水，雨后的乱石下聚集得密密麻麻；马蹄螺则是一副高冷的样子，三三两两，从不露出水面，需要挽起裤脚沿着大礁石边摸索才能捉到；辣螺要么潜伏在藤壶和蛎黄堆里，不仔细根本无法辨别，要么躲在巨石岩隙里做窠，让人一逮一大堆……

曾听父辈告诫，发现螺窠后，千万不能大声叫喊，否则

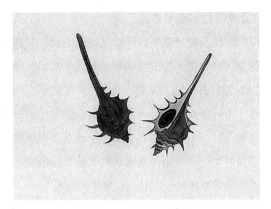

图 3 　刺螺，《海错图》

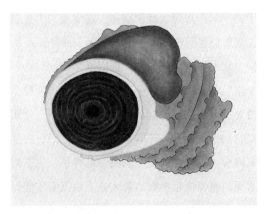

图 4 　巨螺，《海错图》

图 5　黄螺，《海错图》

图 6　荔螺，《海错图》

辣螺听到声响，会受惊掉落水中。据说，过去嵊山岛有人驾小船出海，发现岩壁上的大螺窠，一时按捺不住叫喊起来，螺们纷纷下坠，瞬间压沉了小船。这故事是真有其事，还是父辈杜撰戏说，已无从考证，只是在多年的捡螺经历中，寥寥的几次遇到螺窠并未有太大的激动，当然，那是因为我所遇到的螺窠无法与嵊山人的相比，那些螺仅仅装满了我的篮子和两条裤管。

芝麻螺肉很难用牙签挑出来，对付它的唯一办法就是剪去屁股——也就是螺尖，加入姜、蒜、辣椒、老酒、酱油，炒得油烟四起，香辣呛鼻。有那么几年，岛上流行吃炒芝麻螺，夏天海边的夜排档上，到处是芝麻螺在铁锅里"噼哩啪啦"的翻炒声。叫上三两好友，点盘炒芝麻螺，再拎箱冰啤，一个燥热的夏夜，就这么在冰爽的泡沫和芝麻螺的吸吮声里消磨了。

不像芝麻螺需要一股巧劲，马蹄螺吃起来省力多了，就算刚入门的新手，随意一嘬，"突"的一声，肥厚的马蹄螺肉便落在舌尖了，那股子爽利通透，无以言表。

曾在枸杞岛吃到一种拳螺，成人拳头大小，外表粗糙丑陋，但胜在螺肉硕大且鲜美。清代徐珂《清稗类钞》中记载的荣螺，即为拳螺："荣螺，为软体动物，亦作蝶螺，形似拳，故又名拳螺，壳甚厚……肉味颇美。"店家将拳螺煮熟、取肉，切片蘸酱，富有嚼劲。用来炒大蒜，青白相杂，浓香扑鼻,令人胃口大开。最让人垂涎的是螺肉尾部的一节,海岛人称"螺沤",说是螺屎,其实是螺的膏黄,入口软滑细嫩,如品鹅肝。拳螺壳口有厣,又圆又厚,如鹅卵石子,当时曾突发奇想:收集三四百枚,稍加打磨,可做围棋子矣。

辣螺的得名是因其体内有股辛辣味,宋人傅肱《蟹谱》云:"海中有小螺,以其味辛,谓之辣螺。"常见的黄螺、八角螺都属于这一类。曾在嵊山见"拱螺"[①]归来的小船,满满一舱上千斤都是硕大的辣螺,令人惊叹。当地人依靠潜水工具,潜入深海捞取辣螺,所获丰厚,但长年累月,资源已现枯竭的苗头。

辣螺可白煮,牙签挑着下酒,是渔家经典的佐酒菜。也可敲碎,或爆炒,或炖蛋,都是宴客的好菜。要从混杂的碎壳中吸吮出嫩小的螺肉来,既考验舌尖技术,又考验食客的耐心,二者缺一不可。嵊山一些小餐馆的酱爆黄螺做得颇为地道,当年时常点来下酒,只可惜后来分量越来越少,让人兴味索然。

除此之外,海岛人还喜欢用辣螺来腌渍螺酱,说也奇怪,没有这股子辣味还根本做不出那滋味来。

腌渍螺酱前先要敲螺,一手小铁锤,一手抓螺,然后双手配合着把螺壳敲碎。这是一件非常考验耐心和技艺的事情,

---

① 拱螺,潜入海底深处,捞取海螺,带有一定危险性。

既不能把壳敲得太碎，以致螺肉被砸成了肉泥；也不能浅尝辄止只敲破一些边壳。理想状态是螺的中骨和螺肉保持完整，而外壳皆碎。但辣螺又大小不一，轻重殊难掌握，成败在分毫之间，完全依靠敲螺人力道的把握，难度可想而知。

敲好的螺放入清水中，挑去碎壳杂物，就可以腌渍了。不用担心太咸，只管加盐，须知螺酱的滋味完全靠盐淬发，盐放少了，只会让螺酱变质腐烂。自家制作的螺酱需要经过十多天的自然发酵才能食用，否则那股辣味还没完全蜕变，能辣得人咋舌。一些专业厂家却可以现做现卖现吃，据说有独门秘方。

在海岛所有可见的菜肴中，螺酱下饭的效果肯定排在第一，一小勺咸香嫩滑的螺酱，足以佐下几大碗的米饭，海岛人形象地用"下饭榔头"来戏称。即便是螺酱浓稠的汁液，海岛人对此也是异常珍惜，下饭佐餐不说，用来蘸海蜇更是风味绝佳。

螺酱伴随每个海岛人成长的记忆，一代代传承至今，对它的钟爱已经融入海岛人的血脉和基因中。在物质极度丰富的当下，螺酱还时不时出现在人们的饭桌上，浅浅一小碟散发着青绿色的诱惑，幽幽的海洋气息扑面而来。

曼曼、沙秃和花鱼

曼　曼

岛上百姓所称的“曼曼”，在外地游客耳朵里被听成了“妹妹”，他们看着本地人在饭店养满海鲜的水箱前，“悠笃笃”地吩咐老板：妹妹来一只。这令他们瞪大了眼睛，一脸诧异。

他们想：如果可以的话，给我来十只妹妹。

不能怪他们，谁让本地人竟然别出心裁地把一种鱼称为曼曼。个中缘由，别说外地人不理解，就是岛上捕了一辈子鱼的老渔民也答不上来。

在一些地方，曼曼另有一名，恐怕会使人惊掉下巴——老板鱼。人们疑惑：莫非此鱼专供老板食用？这就令人很费解了，它在菜场和饭店中只是与虾螺、梅鱼等为伍，不见它有多尊贵的地位，也丝毫看不出有卓然不群的气质。

后来读到清代郝懿行所著的《记海错》一书，才豁然而悟：“老般鱼者，老盘鱼也……其状如长柄荷叶，故亦名荷鱼。又形颇近隶书命字，俗人因呼命鱼也……形乃正圜如盘。般，古音同盘，故知老般即老盘也。”因形如圆盘，而被称为老盘鱼，继而又被讹成老板鱼。又因长得像荷叶，于是取名叫荷鱼；像隶书"命"字，那就叫命鱼吧。为一条鱼费了这么多心思，古人着实不易。

无论是老板、老盘，还是曼曼或妹妹……人家时下正式的学名叫孔鳐。

孔鳐栖息在沙质底海域，潜伏于沙中，只露出眼和喷水孔，静静地等待夜幕降临。太阳落山后，海底漆黑一片，孔鳐抖落身上的沙粒，开始外出觅食。孔鳐的嘴在头部腹面下，它习惯采取突然俯冲的方法扑捕猎物，碓臼一般的牙齿，能磨碎海族坚硬的骨骼和甲壳。幽暗静谧的海水中，孔鳐张开肉翼仿佛从天而降，海面上微弱的光亮在它身后投射出巨大的阴影。刹那之间，猎物们愣怔着，没有任何逃遁或抵抗的想法。

以前，父亲的渔船拢洋归来，各色海族混杂的渔获物中，偶尔会翻捡出一两条背脊青褐色的孔鳐来。

渔家人料理海鲜的方式简单纯粹。要么在孔鳐身上划几道平直的刀口，尾巴系上细绳，倒挂着晾晒起来，远远望去，屋檐下有个"非"字在摇荡。几天工夫就干透了，收起来，是绝佳的下酒菜。

要么趁新鲜，清蒸。用大盘子装了架到大镬里，一顿猛烈柴火，烧得蒸汽弥漫，鲜香四溢。青褐背脊爆裂开来，露出一丝雪白的鱼肉。不需要任何调料的点缀，稍微蘸些酱油，就能吃得满口鲜爽。

除了鱼肉，孔鳐软骨柔脆可食，堪称美味。清代郝懿行就说过："（老盘鱼）甲边鬐皆软骨，骨如竹节正白，然其肉蒸食之美也，其骨柔脆，亦可啖之。"经验老到的食客，绝对不会放过那些软骨，一节节地咀嚼吞咽，发出细微的脆响，与品咂好酒的吱吱声相映成趣。

沙　秃

初夏的傍晚，山坡下嫩绿的樟树丛里盘舞起一只灰白的鳐鱼。不远处，少年双手上扬，向空中拉拉扯扯，鳐鱼摇动双翼呼应。这让我记起清代郭柏苍《海错百一录》中的描述："鳐鱼，鱼身鸟翼，大尺许，翅与尾齐，群飞海上。"

一群飞在海面的鳐，充满神奇；一尾飞在空中的鳐，则有莫名的诡异。

早前，岛上的少年大都会动手做风筝，这只是简单的技艺——从沙滩调纲绳的场地中扯几条篾丝，按着鳐鱼的样子绑扎成形。到供销社花几毛钱买一大张白纸，将糨糊仔细地糊到鳐鱼骨架上。一尾天上的鳐鱼活了。

望着在天空中翻飞的鳐鱼，让人想起"奉帚平明金殿开，且将团扇暂徘徊"的诗句。不错，这尾空中飞翔的鳐就叫团扇鳐。正如清代施鸿保《闽杂记》中所云："形如团扇。"

图 1　鳐鱼，《海怪图记》

只是这柄团扇的主人不是凄婉幽怨的宫人，掌控它的是渔家的少年。

岛上的渔民可没有过去文人的风雅，他们不管团扇或者蒲扇，在渔民眼里，团扇鳎潜居海底泥沙中，身上光秃秃地没一片鳞，组合起来——沙秃，不就是绝好的名字么？可但凡带个秃字的都不会被当事者接受，比如没头发的，顶顶忌讳这个字；比如出家人，你敢当面说出那个字，人家肯定拿少林武学回敬过来。沙秃不能言，否则它会抱怨，甚至向海龙王提出抗议，说这是对它的极大侮辱。

以前一直在想，如果我是当年的那个渔民，肯定把秃字换成鳎，沙鳎，多好，高端大气，方言读音也一致，看着也上档次有文化。

沙秃宜清蒸，鱼肉一丝一丝如童子鸡，用筷子扒拉下来，随便蘸点酱油，就能品出清新脱俗的妙处来。

美食总是容易让人怀念，母亲就念叨过很多次："沙秃吃不到了，沙秃吃不到了。"语调很是伤感。

在老辈人口中，总有一些让人艳羡的事情——沙秃长在海边的沙滩上，退潮后，人们下水用脚踩啊踩啊，脚掌触到沙秃背，用手一抓，十拿九稳。一潮下来，总能抓来几只。

那真是让人神往的时代，常使人有恨不早生数十年的感慨。

花 鱼

"戳进花鱼一根刺，脚烂三年呒药医"，这是流传于岛上的渔谚，渔民下海之初就有长辈告诫——遇到花鱼要当心，它尾巴上的刺有剧毒，千万不能让它刺伤。

在人们惯常的认知里，海洋充满着奇幻和浪漫的色彩，殊不知它却是异常凶险的所在。抛开风浪不讲，海水里静静蛰伏着无数冷酷杀手，随时能伤人性命。尽管许多渔民终其一生，遇不到鲨鱼之类的海中恶兽，但花鱼还属常见，尾刺伤人事件亦偶有耳闻。

一根小小的刺，足令渔民痛苦三两年。

花鱼潜身于海底沙地，身体随着环境而变幻各种颜色，令猎物毫无防备，意识不到危险的存在。长尾如鞭，上有俗称"魟剑"的毒刺，猎物游近，"唰"的一鞭击去，猎物顷刻毒发而亡。渔民捕获花鱼，立马斩去长尾丢入海中，以免毒刺伤人。

渔民所称的花鱼，学名为赤魟，亦称黄魟、黄甫，属魟鱼诸多种类之一，也是浙东海域常见鱼类。宋宝庆《四明志》卷四记"魟鱼"云："形圆似扇，无鳞，色紫黑，口在腹下，尾长于身，如狸鼠。其最大曰鲛魟……其次曰锦魟……又次曰黄魟，差小，背黑腹黄。"除此之外，魟鱼一属尚有班魟、牛魟、虎魟、锦魟、鸡母魟等多种。

鍋蓋魚

魟魚一名鱝魚俗名鍋蓋
魚形如圓扇口在腹下無
鱗軟骨紫黑色尾長於身
能螫人又云此魚頭圓禿
如燕身圓福如簸尾圓長
如牛尾其味美在肝

图 2　锅盖鱼（魟鱼），《三才图会》

　　背黑腹黄的"黄魟"，即舟山渔民所习称的花鱼，此鱼尾刺藏有毒腺，被刺后能引起剧痛。唐代段成式《酉阳杂俎》早有记载："黄魟鱼，色黄无鳞，头尖，身似大槲叶，口在颔下，眼后有耳，窍通于脑，尾长一尺，末三刺甚毒。"

　　台湾民间以鱼类刺毒强弱排序，有"一魟、二虎、三沙毛、四臭肚"之说，如果不幸被这些鱼的鱼刺所伤，轻则肿痛，重则送命。魟能排在第一，足见其毒性之强。

　　清人夏曾传在《随园食单补证》一书中，引用明代古籍《事物原始》云："（魟鱼）尾稍有一骨，长二三寸。人被其一刺，急煮鱼篅竹及海獭皮可解；二刺者困甚；三刺者死。"鱼篅，为海中捕鱼的竹制渔具，以煮鱼篅竹及海獭皮来解魟鱼刺毒不知有何根据，即便当下医学如此发达，遭魟鱼一刺仍能伤人半条性命。

　　过去曾听人说起，某某在海上被花鱼刺伤，痛不可忍，在甲板上翻滚呻吟，甚至打算投海轻生，船上众伙计只好将其绑在桅杆上，然后返航就医。

　　岛上旧有一民俗——苦于屋舍周边树木遮挡光线，如系邻居所栽又不肯斫去者，便托熟人从船上带回花鱼刺，悄悄地扎到树干中，不久之后，就算枝叶繁茂的大树也能逐渐枯萎而死。邻居明知是谁所为，但苦无证据，只能吃个哑巴亏。此举有阴诈之嫌，为人所不齿。

　　花鱼"其肉蒸食之，嫩白，味尤鲜美"，可与曼曼、沙秃媲美，但民间认为花鱼性寒，不宜多吃。渔家多将花鱼同咸齑共煮，以消减寒性、增味提鲜。

潮汕人则多用酸咸菜煮花鱼，或与苦瓜、香豆豉同煮，据说滋味亦不差。

海蜇的味道

夏季，溽热的梅雨天气过后，岛上的渔民判断着潮水涨落中蕴含的某些征兆，开始做出海的准备。这是一场海龙王赐予的盛宴。宴会的主角并非人们所熟知的黄鱼、带鱼……而是长相颇为怪异、具有奇幻色彩的一种浮游生物——海蜇。

一到汛期，海蜇随着潮水涌向岛屿周边。碧绿的海水中，海蜇漂浮着四处游荡，就像一朵朵蘑菇散落在大草原上。渔民们在海底打上竹桩，系上毛竹制成的四方的"四角窗"，挂上稻草绳编织的网，然后开始期盼海蜇们能蜂拥而来。这是渔民们极为重视的一个渔汛，所谓"稻草绳，包黄金"，意思是投入不大，但结果令人期待，来年生活的富足，往往就依赖这一季的收获了。

海蜇其实是种水母，身体呈半透明的果冻状，上部呈伞状，叫海蜇皮；下有口腕，腕下有触须，叫海蜇头。渔民们说"海蜇，水做"，它一身水嫩的皮肉经不起磕碰，需要用手指粗的稻草绳网来捕捞，如果用时下通用的塑料绳网，海蜇被细线一勒，估计会破碎不堪。捕获后的加工处理，也需要小心谨慎，手指稍一用力就能穿蜇而出，就像练成了九阴白骨爪那么厉害。

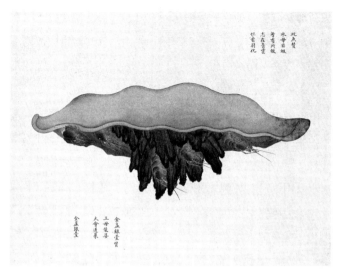

图 1　蛇鱼（海蜇），《海错图》

据说海蜇能长到极大，一些古人描述说"从广数尺"（《博物志》）、"其大如席"（《三才图会》）、"大者如床，小者如斗"（《本草拾遗》）。形容海蜇如斗倒还真实，但如床、如席，则明显有些夸张的意味了。小时候见过一些体型颇为庞大的海蜇，摊开后的海蜇皮几乎能遮盖家中灶台上的尺八大镬。一般来说，海蜇皮直径达一尺以上就不错了，已可作为优等品出口外销。

渔民们说海蜇的身边常生活着一种小虾，与海蜇同进同退，非常默契。他们认为海蜇没有耳目口鼻，游动时无法辨别方向，只好依靠虾来充当眼睛。舟山渔谚"海蜇吮灵魂，小虾当眼睛"即是言此。

人们不解：海蜇究竟有没有眼睛？

今人不懂，古人也不懂。西晋张华《博物志》说海蜇："无头目处所，内无藏。众虾附之，随其东西。"明代《三才图会》也说："无头目……虾或负之，则所往如意，俗呼为海蜇。"一说"附之"，一说"负之"，这区别可就大了。

还是唐代刘恂《岭表录异》描述最为到位，几乎与现代的认识一致："其形乃浑然凝结一物，有淡紫色者，有白色者。大如覆帽，小者如碗，腹下有物，如悬絮，俗谓之足，而无口眼。常有数十虾寄腹下，咂食其涎。浮泛水上，捕者或遇之，即欻然而没，乃是虾有所见耳。"

按照现代生物学的说法，海蜇与虾的关系属于共生现象。平时，虾栖息于海蜇的口腕周围，每当有危险接近，立即躲入口腕内。虾的反应触动海蜇，引起海蜇伞部立即收缩，将虾包藏在伞腔和口腕内，并瞬间沉入海底深处。这是一种互惠双赢的合作形式：海蜇保护虾，而虾则起着海蜇"眼睛"的作用。

村口外的港湾停泊着拢洋的渔船，渔民们开始从船舱掏撩出海蜇，倒入船舷旁的网兜。海蜇层层叠叠挨挤着，在海水中浮动，将网兜撑得比船还大，像海面上绽开了巨大的紫

图 2 张网捕捞海蜇，舟山博物馆

红色花朵。一些背脊晒得黝黑的少年，簇拥在渔船旁边，戏水、吵闹。趁着渔民不注意，快速地从网眼中扯出一只小海蜇，或是一瓣海蜇头。随后在渔民气恼的訾骂声中，泆水远遁。

　　当年我也是这个群体的一员。暑假里无所事事，整日泡在海水中，也随着众人去扯过几瓣海蜇头。感觉那时的海蜇真大，一瓣海蜇头差不多比我脚掌还大些。不过，那些"偷窃"的成果大多会被丢弃，这只是我们的娱乐项目之一。

　　捕捞后的海蜇需尽快加工，否则会化成一摊水。人们用竹刀将海蜇上下两部分割开，然后把盐、明矾以一定比例调和，对海蜇进行腌渍，这是称作"三矾海蜇"的技艺。顾名思义，需要经过三道烦琐辛苦以及费时月余的工序，才能制成可食用的海蜇成品。

海蜇本身无味，全靠搭配其他食材来出彩。记忆中，海蜇切丝几乎可以揾任何有味道的酱料，从咸淡不一的各种酱油，到浓稠油腻的红烧肉汁、红烧大排汁，再到咸鲜的糟鱼卤，无不充满着独特的风味。岛上流传的三抱鳓鱼揾海蜇头，入口咸香脆爽，回味绵远无穷。一些老辈人喜欢海蜇丝揾臭蟹酱的吃法。蟹酱经长时间发酵，颜色变灰，并逐渐散发出一股臭味，即便如此，老人们仍视其为珍馐。夹几片海蜇，在臭蟹酱中轻轻一蘸，咀嚼中，清脆又夹杂着沁入鼻腔的咸臭，隐约有股甜意慢慢滋生。

那是一般人无法体会的滋味。

时下流行的是海蜇切丝凉拌，比如拌黄瓜，适合做夏天下酒的小菜。母亲擅长金针菇拌海蜇。金针菇用的是市场上常见的瓶装金针菇，再调以麻油、白糖、陈醋，酸甜可口，往往是餐桌上最先被消灭的一盘菜。

常见的海蜇吃法好像仅此数种，古时却要丰富得多。清代袁枚在《随园食单》中记录了一种吃法，十分有趣："用嫩海蜇，甜酒浸之，颇有风味。"以前只见过虾蟹用酒来醉，别有风味。海蜇用酒浸泡是第一次见，这醉海蜇的滋味如何，是否还有流传，以后有机会要探究一番。

令人惊讶的是，在唐代竟然有种"炸"的食法。李时珍《本草纲目》说："炸出，以姜、醋进之，海人以为常味。"这个所谓的"炸"，估计并非用油炸之意，而是唐代刘恂在《岭表录异》所说的"煠"："先煮椒桂，或豆蔻、生姜，缕切而煠之，或以五辣肉醋，或以虾醋，如鲙食之，最宜。"从文中看来，这个"煠"大致为用热水"氽"的意思，基本与《博物志》所说的"煮食之"一脉相承了。

现在的人们恐怕不会知道海蜇还能煮着吃了。当前，海蜇量少价昂，人们不会付出一大锅海蜇煮成一小碟的代价，去尝试这种烹食方法。旧时，海蜇便宜，一些渔民嘴馋，会将新鲜海蜇皮边缘割下，扔进锅里与鱼虾同煮。海蜇皮沿边缘的一圈，是海蜇的精华所在，含水分少，口感极为脆嫩。要知道，切下海蜇皮边缘的一圈，会让海蜇皮的等级降低，价格也会大打折扣，换句时新话来说，这是土豪的行为。

在我十多岁时，父亲有次出海归来，掏出个铝饭盒，说是"花蛇衣"。打开一看，里面是煮熟的海蜇皮边缘，蜷缩成猪肠状，色彩斑斓，仿佛一条盘旋的菜花蛇。那是我第一次吃到"花蛇衣"，也是唯一的一次，鲜爽脆滑，至今难忘。三十多年后的今天，每当聊起平生所尝的美食，"花蛇衣"的味道始终萦绕在我的记忆深处，不曾稍离。

海中瓜子胜江瑶

在岛上的餐馆就餐，点菜是个难题，面对着琳琅生猛的海鲜，往往不知从何下手。既要考虑食材新鲜与否、荤素搭配是否合理，又要兼及众人口味、价格高低，甚至于产地与作业方式。

常见一些外地人，如暴发户般只捡大个的鱼虾胡乱来点，毫无章法可言，对近旁的细螺小贝不屑一顾，一看就是不识货的。做个"知味者"，要明白不时不食，什么季节，吃什么海鲜，心里得有谱。还要摒弃一味求大的心理，资深老饕们就很懂得往小处着眼、以小见大的道理，小海鲜反而蕴藏大滋味。

譬如海瓜子。溽热的夏夜，在海边的排挡，没有比冰镇啤酒和爆炒海瓜子更适宜消夏的了。吹着腥咸的海风，悠笃笃地啜几粒海瓜子，喝口啤酒舔舔唇上的泡沫，身上的燥热和烦闷早被荡涤一空。

海瓜子，又称"虹彩明樱蛤"，生长于潮间带的泥涂，是海族中的小不点，因形状大小似瓜子，宁波一带习称"海瓜子"。另有一说，其在黄梅（梅雨）季节最为肥美，故又名黄蛤、梅蛤。清光绪《定海厅志》云："黄蛤，一名海瓜子，

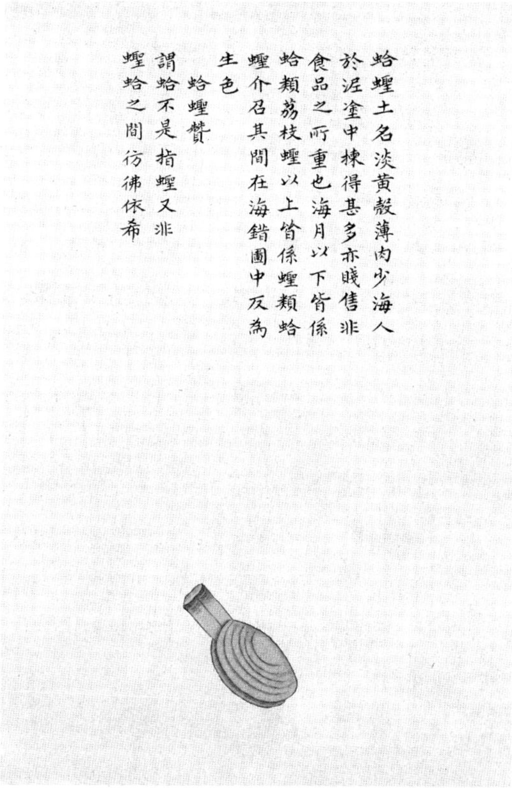
蛤蟶土名淡黃殼薄肉少海人
於泥塗中揀得甚多亦賤售非
食品之所重也海月以下皆係
蛤類荔枝蟶以上皆係蟶類蛤
蟶介召其間在海錯圖中反為
生色
蛤蟶贊
謂蛤不是指蟶又非
蟶蛤之間彷彿依希

图 1　蛤蛏（海瓜子），《海错图》

梅雨时最肥，谓之梅蛤。"

古人应时而食，七月吃海瓜子是宁波人的习俗。别看海瓜子壳薄肉小，滋味却是绝美，清初宁波诗人李邺嗣就有诗赞曰："细雨黄梅蛤子肥，登筵弄舌赛杨妃。"

早前，黄沙岙西边的海滩上产海瓜子，人们在赶海拔蛏子之余，见泥涂上有梅花状的痕迹，随手一拈，就是枚玉色小蛤。一趟潮水下来，手快的也能捡个两三斤。有人嫌一粒粒捡太费事，索性斫两条篙子竹，绑缚成扇面形，系上细眼网片，就是绝佳的推楫网。推楫是个力气活，臂膀粗壮的渔家汉子颇能掌控自如，网片在海涂上轻轻刮过，如快刀切豆腐，留下光滑的涂面。觉得网里重坠了，就迎着海水来回扯荡，泥污散去，网里现出一捧晶莹的碎玉来。

刚捉来的海瓜子要用海水养上一两天，等它吐尽肚里的泥污，才能下锅烹饪。料理海瓜子，不外乎爆炒和葱油，反正猛火热油，放葱、姜、盐、酱油，"噼里啪啦"一顿猛炒，壳开即可起锅；或以酱油、酒、糖、盐等与海瓜子同煮，烧一勺热油，泼在海瓜子上，"刺啦"一声，油香四溢。

海瓜子味美，但吃来琐碎，半天也吃不出一两肉。老百姓戏称，是吃了饭没事做的人，用来打发时间的。尽管如此，海瓜子还是有着众多的拥趸，不论是餐馆摊档，还是民家饭桌，悠闲地品啜海瓜子的大有人在。

吃海瓜子能见人的性情。性子急的，用汤匙舀了塞入口

图 2　推榶，捕海瓜子主要方式，舟山博物馆

中，只见腮帮子一番鼓动，壳肉自然分离，然后连绵不绝地吐出一堆壳来，这技艺简直已臻化境，看得人目瞪口呆。性子沉稳的，则慢条斯理，如文火煲靓汤，丝毫不仓促、不急躁。特别是一些举止优雅的女子，玉葱似的手指捏住筷子，轻巧地夹起一粒海瓜子，樱口轻启，兰舌一吐，玉屑般的壳落在面前的骨碟中，动作轻盈，很是赏心悦目。

宁波、舟山一带滩涂密布，海瓜子夙为名产。清乾隆时的定海知县庄纶渭在《海疆即事仿竹枝体》诗中有"洗盏船头破寂寥，海中瓜子当江瑶"之句，下注曰："蛤类，俗名

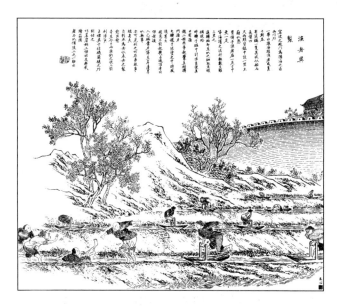

图 3　渔舟异制（宁波渔民捡拾海瓜子），《点石斋画报》

图 4　海瓜子精，民国灯画

海瓜子，味甚佳，形甚怪，气味亦腥，土人以为佳品。"庄纶渭知定海多年，对地方风物自然十分熟悉，他将海瓜子与海产名品江瑶相提而论，可见其对海瓜子甚为推崇。所谓的"土人以为佳品"，可知当时的舟山人已把海瓜子作为佳肴来看待了。

据清道光年间的《十洲春语》记载，当时宁波的茶肆酒楼中就有海瓜子烹制的看馔应市，很受食客欢迎。宁帮菜馆曾遍布上海，主打菜就是有着"三子"之称的蚶子、蛏子、海瓜子。创设于1927年的宁波风味餐馆——沪东状元楼，当家名菜除了雪菜大汤黄鱼、目鱼大烤、黄溜青蟹，便是油爆海瓜子了。1930 年版的《上海指南》卷五介绍食宿游览等项，在上海名菜一栏中，首列海瓜子，排在盐水虾、白切鸡、咸菜黄鱼等一众沪上名馔之前，足见其受追捧程度。

一道爆炒海瓜子能勾起无数人儿时的记忆和乡愁。袁定华先生在《续谈舟山海味》一文中写道："另于黄梅时，有蛤，名曰黄蛤，亦称梅蛤，又叫海瓜子，大如指甲，嫩而且肥，炒来下酒，可浮三大白。"读来令人垂涎，亦深有感慨。

嵊泗诸岛中的洋山，吞门深邃，滩涂广沃，所产海瓜子享有美誉，与水白虾、凤尾鱼、金锣海蜇并称为"洋山四宝"行世。这些年去过几次洋山，当地主人必定以海瓜子款待，佐以自酿杨梅酒，吃得很是畅快。

洋山街头有多处收购海瓜子的，门口搁着纸板，上面涂涂抹抹写着些 150 元一斤、180 元一斤的字样。曾见过满身泥污的当地人携网兜来求售，一天所得仅两三斤而已。随着洋山海瓜子名气愈来愈大，慕名尝鲜者日益增多，但海滩还是那片海滩，产量有逐渐萎缩的势头，有时候市面上出高价也难寻踪影。

一些当地人有感于今昔巨大的反差，常有吃不到海瓜子的担心。也许某样事物过于出名并非好事，可能离消亡也就不远了。

千箸鱼头细海蜓

　　一般而言，鱼越大越为美味，而海中偏偏有几种"另类"，"反其道而行之"，以小为美，海蜓就是其中之一。

　　海蜓，鳀鱼的幼鱼，又写作"海艳""海咸""海蜒""海沿""海鲻"等。据说在福建等地，因海蜓闻之似丁香花味，形似渔家女耳垂的金丁香，故又有"丁香鱼"的雅称。

　　清人聂璜《海错图》载有一种"海焰鱼"，亦是海蜓的别称，"产宁波海滨，亦名海沿。秋日繁生，长仅寸余而细，色黄味美……晒干，味胜银鱼，愈小愈美，稍大则味减矣"。作为区域性特产，浙东沿海的海蜓十分有名。过去，宁波姜山就以海蜓出名。清乾隆《鄞县志》里说："此鱼以姜山人网得者为佳，名姜山海鲻。"海鲻，即海蜓。姜山并不濒海，所产海蜓皆从舟山海域捕来，被冠以姜山之名，舟山人难免心有不甘。

　　嵊泗列岛的嵊山、枸杞等地，也以产海蜓而闻名远近。以前在枸杞海边散步，远远觑见近岸沙滩处，有几条小船来回梭巡。一时不解，问村人，说是在捕海蜓。仔细看了才明白——两条船为一组，各牵引渔网的一端，做包抄活动。这与旧时的围网作业一般无二，只是那网眼肯定细如纱布，否

海焰鱼产宁波海滨亦名海沿秋日繁生
長僅寸餘而細色黃味美羡夜漁人架艇
以火照之則逐隊而來以細網兜之晒干
味勝銀魚愈小愈美稍大則味減矣

海　焰

图 1　海焰（海蜒），《海错图》

则这海蜒还不漏网而逃啊。

舟山地方史料中记载的捕捞方法却又不同。清光绪《定海厅志》中说："海艳，生海中，鱼长半寸许，性喜灯，渔人俟夜把火照水，则群集而取之。"照此说法，海蜒应属趋光性的鱼类，过去的渔人利用海蜒的这一特性，点火把来聚拢鱼群。这又近似于现在的灯光围网了。只是鱼群聚集之后，用何种方法捕捞，《厅志》中并未说明。

另据清嘉庆时宁波慈溪人尹元炜在《溪上遗闻集录》中的考证，海蜒即是广东恩州所产的鹅毛脡。尹元炜引唐代段公路《北户录》："恩州出鹅毛脡，用盐藏之，其细如毛，味绝美，取不用网，夜乘小艇，张灯其中，鱼见灯光辄上，须臾而盈，多则灭灯，否则不能载矣。"

尹元炜还引明代杨慎的《异鱼图赞》，说海蜒"渔师取之，不以网收。来如阵云，压几沉舟"。

根据这两段描述，海蜒是见着灯光后，聚集起来，乖乖地跳上船去，而且前仆后继，以致小船都装载不下，有沉舟之虞。

自投罗网的鱼？这就让人大感诧异了。其实也难怪，古代文人有几个见过渔捞情景？所述大多是道听途说，难免以讹传讹。

还是清人聂璜《海错图》所载接近事实："暮夜渔人架艇以火照之，则逐队而来，以细网兜之。"海蜒趋光自然不

图 2　拖网，捕海蜒主要方式，舟山博物馆

假，但聚拢之后，是"守株待兔"，还是以"细网兜之"，估计每个渔人都不会选错。海蜒捕获后，需趁新鲜尽快加工。渔家会起大灶，烧一大锅水，用竹篮装上小半篮的海蜒汆入滚水中，然后轻轻地左右摇动，瞬间提篮出水，再均匀地摊晒到竹箥席上，日头好的话，当天就能干透出售。

煮海蜒可是门技术活，需要经验老到之人来掌控。海蜒体小肉嫩，汆水时间一长，肉就变烂，晒干后没了卖相。而时间短了，肉显生，干后色泽外观会大打折扣。这生熟程度的掌握，就在分秒之间。自清明后开捕，海蜒汛期也就一月左右。刚开捕时的海蜒个体最小，火柴梗般粗细，仅头部有一小黑点，完全看不出鱼的形状，但制干后价格最贵。这种海蜒，渔村人称为"细梗"或"眯眼海蜒"，用来馈赠亲朋最为适宜。

几天后，海蜒就逐渐有了鱼的模样。眼睛稍微大了点，身形也可以分辨出背部、腹部、尾部来。这时的干品称作"中梗"，价格较"细梗"低了不少。

再往后至落市时，就浑然是条小鱼了，村人称为"粗海蜒"或"粗梗"，那时的价格就更低，风味与"细梗"相比，就有霄壤之别了。

清代宁波诗人李邺嗣撰有《鄮东竹枝词》一组，其中一篇就写到了海蜒："小瓮黄齑送草南，换来佳味看来馋。一瓶蟹甲纯黄酱，千箸鱼头细海咸。"

竹枝词以描绘乡土风情为主，这首诗记述了当时非常有趣的社会状况：旧时宁波人称台、温籍的渔船为草南，渔船长年在海上缺乏蔬菜，宁波当地人就以荠菜去换海鲜，每每能换得蟹酱、海蜒一类的佳味，双方各得所需，皆大欢喜。显然，李邺嗣也是地道老饕，对蟹酱和海蜒居然如此了解。蟹酱因其多膏而黄，海蜒因其幼小而细。一个黄，一个细，全然恰到好处。细忖也合理，李邺嗣作为宁波人，又怎会不知道，或没有品尝过这两种美味呢？蟹酱自不必说，单海蜒就足以勾起馋唠虫来。

炎炎酷夏，渔村人家的餐桌上，常常会见到一道菜——冬瓜海蜒汤。几片如玉般晶莹的冬瓜，载浮载沉的几头虾皮状的海蜒，看似简简单单，实则那汤水的鲜味能沁到人的心头上去。冬瓜和海蜒，犹如龙井茶和虎跑水，应该称得上绝配。据专家考证，冬瓜能利尿解暑，而海蜒又富含营养，冬瓜海蜒汤则得而兼之，恰好融合两者的优点，特别适合夏天食用。

清道光时的舟山诗人曹伟则认为这道菜比苏东坡推崇的名菜鳌裙羹更加清口美味，诗以咏之："波平风静火光明，海蜒齐来傍火行。若共冬瓜同煮食，清于坡老鳌裙羹。"看来百多年前，这道菜就在舟山流行并享有盛名。虽说海蜒不及鳌裙边（水八珍之一）名贵，但由于海中所产，更兼古时条件有限不易捕得，若能吃到，也算幸事一件了。

清初名厨浙江慈溪人潘清渠著有《饕餮谱》一书，专谈美食，记录浙江名馔达四百十二种，其中有一道"鹅毛脡汤"即海蜒汤，只是此书亡佚已久，不知究竟如何。按照时下舟山的做法，一撮海蜒几粒盐，冲入滚水，即成。简便易行，是海岛人家常备之汤。除此之外，海蜒另有多种吃法。

曾见袁枚《随园食单》中记："海蝘，宁波小鱼也，味同虾米，以之蒸蛋甚佳，作小菜亦可。"袁枚确乃知味者，深谙海蜒的鲜美。他曾向在宁波为官的朋友钱维乔写信索要海蜒，钱维乔"寄赠一筐，并佐以诗"，其中两句云："书来索小鱼，细字注眼花。我读辗然笑，再读乃自蹉。"如此看来，袁枚在《随园食单》所记的海蜒，极可能为宁波所产。作为大美食家，袁枚所推崇的海蜒蒸蛋自然不差。这道菜时下在舟山甚是流行，嫩滑鲜美，极为入味，与太湖名馔"银鱼蒸蛋"有异曲同工之妙。至于袁枚所说"味同虾米"就不敢苟同，两者差别甚多，能把海蜒吃出虾米味道来，估计也仅袁先生一人而已。

另有一种海蜒煎蛋的食法，在宁波、舟山等地颇为常见。海蜒拌入蛋液中，调些葱、盐，入油锅摊成饼，松软可口，很受一些小朋友喜爱。过去，一些本地人喝酒缺下酒菜，顺手抓一把海蜒佐酒，也不失为简便纯粹的好办法。

且烹虎头鱼

有住在嵊山岛的兄弟，擅海钓，时常在朋友圈晒些海钓的战利品，除了生猛的铜盆鱼、偶尔一两条的沙鳗……最多的就是虎头鱼了。

虎头鱼，学名褐菖鲉，虎头虎脑，圆眼阔口，胸鳍宽大，像对小小的翅膀。鱼身覆盖橘红色斑块，犹如身披锦霞。在岛上餐馆饭店的鱼箱里，时常会养着一些虎头鱼，让客人现看现点。那张着鳍翅，耸着利刺，隔着玻璃与你对视的虎头鱼，像足了一头斑斓的猛虎，或是一只炸着毛的战斗公鸡。

虎头鱼属暖温性底层小型鱼类，喜欢栖息在水质清澈的近岸海域，嵊泗列岛的嵊山、枸杞等地，海底礁石密布，多产虎头鱼。钓虎头鱼是当地人在渔闲季节热衷的活动，一来用以打发时光，弄点下酒的小菜；二来可以赚些外快，贴补家用。

据说，钓虎头鱼不需要高超的技术，即便是新手，也能取得丰硕的战果。气人的是，在我仅有的几次经历中，却一无所获。

虎头鱼栖息地多为礁石密布之处，整日匿居在岩礁的洞穴里，仿佛一辈子都在石间打转，或许因为这个原因，在广东、

图 1　虎头鱼，《中国海鱼图解》

香港等地，虎头鱼又有"石九公"之称。

　　别看虎头鱼个头不大，大的仅巴掌大小，小的比手指粗不了多少，但千万不要因此轻视虎头鱼的凶残性。白天，虎头鱼深藏石洞穴中，静静潜伏；待到夜晚来临，开始游出洞穴，躲在暗处，伺机对猎物发起致命的一击。海中水族，如鱼、虾、蟹、望潮、海星等，都会沦为虎头鱼的美食。据说，一条长十余厘米的虎头鱼，居然能吞食超过其三分之二体长的鲇鱼，可见其凶残程度。

　　令人费解的是，作为一种近海常见鱼类，虎头鱼在古代典籍中并不多见，甚至在沿海地区的地方志中也难觅影踪。

李时珍《本草纲目》中记有一种"鱼虎"，与虎头鱼极为相似，或许原型即为虎头鱼："生南海。头如虎。背皮如猬有刺，着人如蛇咬。亦有变为虎者。"虎头鱼背脊、鳍翅都长有利刺，内藏毒腺，稍有不慎，极易中招。岛上钓鱼人大多有被虎头鱼刺伤的经历。以前挑拣鱼货时，被虎头鱼轻轻刺了下，指尖传来的麻木和剧痛，令人不堪忍受。

清人聂璜绘有《海错图》四册，或对照写生，或凭借想象，共录海错三百余种，颇为可观。其中有"海鳜鱼"，气势汹汹，十分的生猛，与虎头鱼对照一看，几达逼真。

但这"鱼虎""海鳜鱼"究竟是不是虎头鱼，是耶，非耶？恐怕没人能给出肯定的答案。

尽管虎头鱼有着凶残、狠毒、多刺等诸多令人生畏之处，但并不妨碍老饕们对它的钟爱。饭馆食肆中，椒盐虎头鱼、红烧虎头鱼，都是人们常点之菜，据说在香港，红烧石九公还是道名贵菜，一般人还吃不到呢。最能体现虎头鱼鲜美的还是与豆腐烧汤，一壁厢是凶神恶煞面目狰狞，一壁厢是柔柔弱弱白净如水，却能结合得无比美妙。经烈火熬炖，虎头鱼全身上下，甚至连骨头缝里所蕴藏的鲜美，都和盘托出，融入奶白色的汤汁和豆腐中。舀一勺热汤，只觉满口满腔瞬间为绵软的鲜美所充盈，缓慢地顺着喉咙延伸到肠胃中，那种舒适和满足无以言表。

作为佳馔，虎头鱼豆腐汤早已深入岛人之心，于我却又

图 2　海鲹鱼，《海错图》

图 3　石狗公（虎头鱼），《中国海鱼图解》

有着另外一层涵义。

十余年前，舟山诗词界几位先生来访。其中有位魏老师，五十来岁，诗词走苏辛豪放派路线，为人慷慨豪迈，善饮，好谈国事，与之甚为投契。当天晚餐安排在驻军某处军营，军民共建。时值中秋，地处山巅，沧海风涛渺茫，圆月皎皎在天，众人畅怀痛饮，皆大醉。

魏老师嗜爱虎头鱼，当日席上有虎头鱼豆腐汤一大盆，滋味极佳，差不多大半为魏老师所享，大呼痛快。嗣后，诗文唱和，我赋诗赠之，中有两句，记忆尤深："未竟屠龙愿，且烹虎头鱼。"甚得魏老师激赏。不久之后，忽然收到他驾鹤归去的噩耗，为之深深叹惜。此后，每当餐桌上有虎头鱼豆腐汤，总能让我回忆起多年前的这桩旧事和这一位故人来。

乌贼不是"贼"

　　岛上的海鲜餐馆大多擅长做"墨鱼大烤"，酱汁浓郁，脆嫩可口，很受外地游客追捧。可惜的是，其中的原料并非真正的墨鱼。说起来，墨鱼在岛上已绝迹多年，时下在菜场、超市中售卖的，只是一种叫"海底蛸"的墨鱼的近亲而已。

　　墨鱼，民间习称乌贼，是早前嵊泗诸岛的主要海产，与大黄鱼、小黄鱼、带鱼并称四大经济鱼类。早在清代，温、台、宁波等地的渔民泛海而来，在岛屿山坳中搭厂①暂居，就近撩捕乌贼晒鲞，借此谋生。在上百年的乌贼捕捞历史中，渔民总结了众多经验，并编成上口、易记的渔谣。诸如："嵊山枸杞统是乌贼厂。乌贼发在近汰横，拖上乌贼来晒鲞。装到上海鱼市场，广东香港交关行。"

　　乌贼可笼捕，也可用火诱捕。乌贼性趋光，渔民们利用这一习性，能轻松地"守株待兔"。过去，嵊山、壁下等地的渔民在太阳下山后将船摇至海底平坦、潮流缓和之处，锚泊后下网，在船舷搭架火篮引诱乌贼，待乌贼大量聚拢后起

---

① 搭厂，过去，渔民在陆地用毛竹等材料，搭建人字形的简易窝棚做暂居之用。

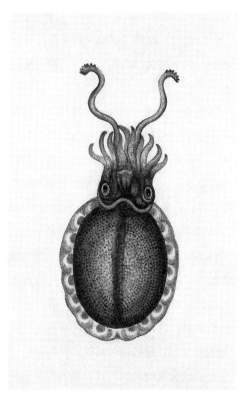

图1　乌贼，《海怪图记》

网。另有一种更简便的，不需要船只，只要在岸边礁石上燃起火篮，水下预先设放扳罾，待乌贼前来，一举而获。民间谚语"火照扳罾，乌贼坐等"即是指此。

至今，一些老渔民聊起乌贼仍兴致高昂，他们说过去家里没了下酒菜，拿个撩盆到礁石边一刮，网兜里总归有几只"嗞嗞"响喷着墨的乌贼。

不同于其他海产刮鳞、剖洗等繁杂程序，乌贼入看十分简单，直接扔进锅里白煮就成，肥壮可口，很是引人馋痨。有些渔民喜欢整只抓着蘸酱油，咬一口，就一口酒，颇有梁山好汉"大口吃酒，大口吃肉"的气概，图的就是个畅快。

早前没有保鲜技术，乌贼捕获后一般都会剖制晒干成鲞，当年紧邻海湾的牛凸肚成了岛上最主要的乌贼加工基地。周边几个村子的妇女齐聚于此，从事一种叫"剖乌贼鲞"的作业。可以想象，成百上千的女性手握鲞刀，在码头边、晒场上、礁岩旁……挥汗如雨的场景，手起刀落，墨汁飞溅。

每到渔船靠岸，村里的大喇叭会传来洪亮又略带戏谑的通知声："妇女同志们，好劈乌贼来嘞。早到早劈，晏到晏劈，老劈带新劈，新劈慢慢劈……"这一经典段子，至今仍在乡间老妪之间流传，伴随着毫无顾忌的、肆意的笑声。

曾经看过几张关于牛凸肚附近山坡晒乌贼鲞的老照片，夕阳余晖下，一板板竹篾席井然有序地排列着，直到天际，无比震撼。

　　晒成后的乌贼鲞有个奇怪的名字——"螟脯鲞"，亦有写成"明富鲞"的，说是寓意明年更富；还有写"明府鲞"的，是指主产地为明州府，即宁波之意。只是这"螟脯鲞"着实让人费解。

　　过去"螟脯鲞"多收藏于垫上稻草的木桶，久藏后呈深棕色，并现白霜，头腕形似佛手，腥香扑鼻。"螟脯鲞"可与猪肉红烧，煨炖至鲞酥肉烂，着实好吃。

　　另外，"螟脯鲞"以酒糟糟之，称作"糟乌贼"，被渔家视为珍藏，不肯轻易示人。今天来看，"糟乌贼"是件非常奢侈的事情，平生仅尝到过数次。十来岁时，在亲戚家吃过一次"糟乌贼"，糟香满口，十分下饭，最难忘的是乌贼腕须，根根经得起咀嚼和回味，可惜，快有三十多年未见此佳馔了。

　　乌贼的内脏称"乌贼膘肠"，是最受岛上人追捧的美食。海岛渔村，傍海而生，吃惯了各种海鲜，但还是有很多人对"乌贼膘肠"情有所钟。前些年，外婆在世时，时常会让阿姨们买些鱿鱼内脏来，聊以解馋。鱿鱼内脏自然无法与"乌贼膘肠"相提并论，但没办法，谁让乌贼衰败后难觅踪影呢。

　　"乌贼膘肠"以雌性乌贼所出为佳，包括乌贼蛋、乌贼肝、乌贼白、墨囊……反正乌贼肚子里掏出来的没有一样可以扔掉。乌贼膘肠，在古代有称"鳢鲗"的，北宋沈括在《梦溪笔谈》中解释说："鳢鲗，乃今之乌贼肠也。""鳢鲗"被

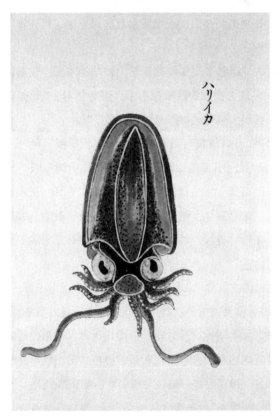

图 2　乌贼，《尼崎图上·尼崎鱼谱》

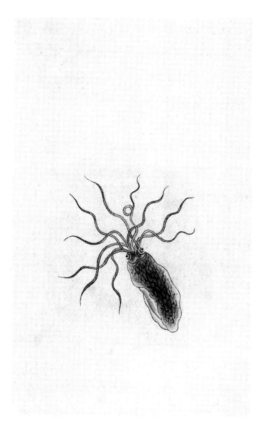

图 3　乌贼，《金石昆虫草木状》

古人认为是很好吃的东西，甚至连万乘之君也有嗜好此物的，如《南史·宋纪下》记载宋明帝"以蜜渍鱁鮧，一食数升"。只是这"蜜渍"倒是从未见过，岛上人皆以盐腌渍，过去家中常备着一两酒埕，供鲜货断档时节蒸来下饭。

岛人嗜咸，"乌贼膘肠"多以重盐腌之，往往令内陆人士入不了口，箸尖大的一点点，就足以让他们咋舌不已。但在岛人看来，只有足够咸，才够鲜、够味。蒸熟后的"乌贼膘肠"，红、黄、黑、白，色彩杂陈，看着就让人食指大动。渔家讲究天然，腌"乌贼膘肠"大多不将墨囊摘除，需要在食用时用筷子挑出。不过，吃下墨囊也无大碍，嗜之者大有人在，只是这满口的黑漆漆，会让人联想到古代的酸文人，吮笔咂墨，正在构思旷世佳作呢。

乌贼背脊有骨，据说是味中药，叫"海螵蛸"。我们小时候哪管它中药不中药的，只顾着拿来玩，用铅笔刀刻、刮，做出条小船来，然后在放学途中的大溪坑里"撑船"。尽管当时的"小船"都沉没于浅浅的溪流，但同学中倒是出了几位撑船的好手，眼下正驾驶着万吨轮驰骋在远洋上，他们真得感谢小小的乌贼骨，让他们的人生呈现出辽阔的境界。

关于乌贼的得名，唐代《初学记》引《南越志》云："乌贼鱼，常自浮水上，乌见以为死，便啄之，乃卷取乌，故谓乌贼鱼。"在古人眼里，乌贼会耍诡计，诱捕乌鸦而食之，因此便冠之以乌贼的名字。其实这是没有任何根据的无稽之谈，与"大黄鱼秋天化野鸭"的奇闻可作等同观。

另有一种说法，唐《酉阳杂俎》载："江东人或取墨书契，以脱人财物，书迹如淡墨，逾年字消，唯空纸耳。"因乌贼腹中之墨可书写收据契约，刚写好时宛然如新，过半年则淡然如无字。因此那些狡诈之徒专以此行欺骗之事，而这种体内藏有乌黑液体的动物就被叫作了"乌贼"。

乌贼非常狡诈，诡计多端，但有时也是愚蠢的，时常做一些"掩耳盗铃"的蠢事。苏轼《二鱼说》载乌贼寓言一则："海之鱼，有乌贼其名者，响水，而水鸟戏于岸间。惧物之窥己也，则响水以蔽物。海鸟疑而视之，知其鱼也而攫之。"在明朝冯梦龙的《痴畜生》里，故事几乎一致，只是"海鸟"变成了"渔人"，"海中乌鲗鱼……腹含墨，值渔艇至，即喷墨以自蔽。渔视水墨，辄投网获之"。

乌贼怕被发现踪迹，喷墨汁把身边的水都染黑，反而让海鸟和渔人寻踪而至。这种自作聪明式的故事，你我身边偶尔还能看到，苏、冯二公借乌贼喻人，寓意深矣。

最后的贵族

一提起大黄鱼，脑子里就闪现宋人晏殊的一句词来——"无可奈何花落去"。这句词描述了落花时节惆怅无奈凄婉的情绪，用来形容如今大黄鱼的境地似乎也是适宜的。

大黄鱼分布在我国近海，东海尤多，特别是舟山渔场所产，因其品质绝佳，更是闻名于东南沿海。至今苏沪浙等地老辈人中说起大黄鱼，无不垂涎欲滴，心驰神往。

在远古时代，大黄鱼就为先民所认知并食用。唐代陆广微《吴地记》记载阖闾十年（前505），东夷与吴国发生战争，吴王率军亲征。"据沙洲上，相守一月。属时风涛，粮不得度。王焚香祷天。言讫，东风大震，水上见金色逼海而来，绕吴王沙洲百匝。所司捞漉得鱼，食之美"。鱼出海中，呈现金色，不知其名。吴王见其脑中有骨如白石，命名为石首鱼。

古人称大黄鱼为石首鱼，皆因其脑中有石两颗。其石莹洁如玉，一面平滑，其余则刻如镂，沟壑纵横，形状如船如履，难以形容。从前文人常取石作为玩物，甚至还可用作饮酒时计数之用。唐代刘恂《岭表录异》中记载："脑中有二石子如荞麦，莹白如玉。有好奇者，多市鱼之小者，贮于竹器，任其坏烂，即淘之，取其鱼脑石子，以植酒筹，颇为

图 1　石首鱼（大黄鱼），《海错图》

脱俗。"

在嵊泗列岛，渔民把大黄鱼的脑中石称为"鱼中"。很多人的少年时代，大约都有这样的经历：每天放学后，心急火燎地收拾好书包，就急急地奔向沙滩。潮水每一次的涨落都会把海底的"鱼中"淘上来。早点赶到沙滩就意味着会有更大的收获。低着头细细搜索脚下的每一寸，间或有所收获时，心头就会一阵欣喜，如同捡得宝物一般。而这种喜悦是不能传递给同伴的，这应该是些许狭隘心理在作祟——蕴含丰富资源的领地只能由自己独享。

当时镇上设有收购站，"鱼中"也是一项收购的品类，据说可以做成中药，那时的收购价是七元一斤。由于沙滩上

图 2　石首鱼(大黄鱼)，《金石昆虫草木状》

捡来的颗粒偏小，积攒了一个学期的"鱼中"竟然只有二两。在几分钱可以买个大肉包子的时代，兜里装着一元四角钱，简直有种"发财了"的味道。

余生也晚。在我出生的 20 世纪 70 年代，已经见不到多少大黄鱼了，大黄鱼的鲜美以及当时的盛况，只停留在父辈的讲述和古代典籍中。

在海鱼无数的种类中，大黄鱼因其味道鲜美，色泽亮黄如金，一直以来都属鱼之上品。旧时在沪甬等地，人们将金条称呼为"大黄鱼""小黄鱼"，也从一个侧面反映了当时对大黄鱼的推崇程度。

宋代罗愿《尔雅翼》记载一道大黄鱼的菜肴："鱼鳞色甚黄如金，和莼菜作羹，谓之金羹玉饭。"分别用金和玉来形容两种食材，足见其名贵了。

明代诗人李东阳有次收到朋友馈赠的大黄鱼后，食而甘之，写下《佩之馈石首鱼有诗次韵奉谢》一诗："夜网初收晓市开，黄鱼无数一时来。风流不斗莼丝品，软烂偏宜豆乳堆。碧碗分香怜冷冽，金鳞出浪想崔嵬……"

至今在海岛民间，接待宴客都还流行着一道"大汤黄鱼"的菜，由于野生黄鱼珍贵难得，一般会用养殖黄鱼代替，仅仅是这道"山寨品"就足以让宾客们食指大动，汤盆见底，遑论真正的野生大黄鱼。

嵊泗列岛的洋山地区地处长江入海口，海水温度、咸淡

图3　围网，捕大黄鱼主要方式，舟山博物馆

适宜，更兼饵料丰富，在宋代就已经成为大黄鱼的旺发之地。宋宝庆《四明志》中云："三四月，业海人每以潮汛竟往采之，曰洋山鱼；舟人连七郡出洋取之者，多至百万艘，盐之可经年。"

　　与宋代相比，明代的大黄鱼捕捞规模更大，捕捞技术也更为先进。浙东渔民已经非常熟悉大黄鱼的生活习性和洄游路线，并利用大黄鱼在繁殖期鱼鳔能发声的特性，捕捞时先用竹筒探测鱼群的活动方向，然后再下网张捕。明代田汝成《西湖游览志余》谓："每岁孟夏，来自海洋，绵亘数里，其声如雷……渔人以竹筒探水底，闻其声，乃下网，截流取之。"

在洋山海域捕捞的渔民，也使用这种比较先进的方法探测鱼群，明代王士性《广志绎》记载："每岁三水，每水有期，每期鱼如山排列而至，皆有声。渔师则以篙筒下水听之，鱼声向上则下网，下则不，是鱼命司之也。"这种利用大黄鱼特性来探索鱼群的方法，为沿海渔民们所熟用，直至近代仍沿用不绝。

一些典籍中，将洋山描述成大黄鱼的渊薮，仿佛是取之不尽、捞之不竭的东海鱼库。明代学者郑若曾《江南经略》中记载："盖淡水门（洋山一带）者，产黄鱼之渊薮，每岁孟夏，潮大势急，则推鱼至途，渔船于此时出洋，宁、台、温大小以万计，苏州沙船以数百计。"

可以想象渔汛之时，成千上万的渔船帆樯云集，连绵数里的鱼群，闪耀着金色耀眼的光芒，鱼鳔发出的鸣声汇聚如雷……那是一种令人惊叹的宏伟景象。

在老辈人的叙述中，大黄鱼汛的盛况足以让后人目瞪口呆。有种叫围网的作业方式，"偎船"和"网船"分工合作，各牵引渔网的一头对鱼群进行包抄。起网时，整整一网大黄鱼浮在海面上，金灿灿如同打开了皇帝的宝库，人踩在上面

图 4 朱墨石首鱼，溥儒绘

根本不会下沉。有时一网大黄鱼，装满两条船还绰绰有余，剩下的只能舍弃。

出生在 20 世纪四五十年代的嵊泗人，大都有"黄鱼当饭吃"的记忆。嵊泗列岛面积狭小，土地贫瘠，只能种些番薯之类的作物，米面等生存物资都靠外地输入。遇到饥馑年份，幸好海产还算丰富，也能拿来充饥。据说 60 年代嵊泗没有饥饿致死者，老辈人认为大黄鱼居功甚伟。

过去，家中老宅的柴火间里有个一抱多大的木桶，掀盖后有股闷闷的腥香，这是用来储存黄鱼鲞的。在大黄鱼丰产的年份，岛民们总会把吃不完的鱼用盐腌渍后晒干储存，留待日后取食。

黄鱼鲞也极其美味。据说，古时这"鲞"字专用来指大黄鱼。明代朱国祯《涌幢小品》中写道："吴王回军会群臣，思海中所食鱼，问所余何在。所司奏云：并曝干。吴王索之，其味美，因书，'美'下著'鱼'，是为'鲞'字。"

明代李时珍在《本草纲目》中有另一种解释："鲞能养人，人恒想之，故字从养。"大黄鱼能养人，这是有根据的，一直以来海岛上就流传"老酒淘黄鱼"的吃法，特别适合发育长身体的青少年。大黄鱼鲞据说还有开胃、醒脾、补虚、活血的功效，为病人、产妇调养的珍品。

这既能活人又能养人，有着千般好万般好的大黄鱼，眼下却难觅踪影了。据《嵊泗县志》记载：1936 年，大黄鱼的产量达到三万吨，1951 年则仅为三千吨，1985 年更是降到了四百余吨。短短的几十年间，相差竟是如此悬殊。时下更是到了一鱼难求的境地，偶尔有嵊山、壁下等地渔民钓得一条两条，卖了数千元、上万元，在坊间传为奇谈。

在"物以稀为贵"的社会氛围里，一条野生大黄鱼卖了上万的巨款，想想也是应该的。因它的"处江湖之远"就有着"居庙堂之高"的必然。毕竟它已成为奢侈品，成为权贵们的禁脔和某些人身份的象征。从这个角度来说，大黄鱼是悲哀的。

近些年有些精明的商人，开始致力于大黄鱼的养殖，本意倒是蛮好，让大黄鱼游上普通百姓的餐桌。不过野生状态终非圈养可以比拟，肉质的肥嫩鲜美必定是大打折扣。

几十年间，大黄鱼就如同一个伟大强盛的王朝急剧衰败，甚至连最后的余响也没留下。我们几乎看不到它重新崛起的一天，这实在让人有些沮丧和绝望。

或许，多年后我们的后人，一边读着清人汪琬的《有客言黄鱼事记之》诗，一边笑着说：这只是个传说。这一切足以让今天的我们唏嘘不已、感慨万千："三吴五月炎蒸初，楝树著雨花扶疏。此时黄鱼最称美，风味绝胜长桥鲈。"

秋

鲈鱼美

一千七百年前的某个秋天，西风吹过，木叶凋零。有个叫张翰的吴郡人忽然想念起家乡的莼菜羹和鲈鱼脍，感慨道："人生贵得适志，何能羁宦数千里以要名爵乎？"大意是做人贵在从心所欲，不能大老远为了当官放弃自由和理想。

张翰向朝廷辞了官职，归隐田园，从此中华文化的典籍上多了个"莼鲈之思"的成语。这恐怕是关于乡愁的最佳表达，无数远方游子为之吟咏再三，心生感慨。

一尾张翰的鲈鱼，从历史的杂芜处掉尾游来，至今鲜活如斯。

这是一种称作"松江鲈"的小鱼，产于吴淞江上，李时珍对此记载说，"鲈出吴中，淞江尤盛，四五月方出，长仅数寸"。

但历史给后人留了道谜题。

晋干宝《搜神记》中载，左慈为曹操钓"松江鲈"做脍，得鱼皆三尺长。稍后的《大业拾遗记》记录隋代吴郡献"松江鲈"干脍，以鲈鱼三尺以下者为之。

数寸与三尺，相差悬殊。这让人不禁疑惑："松江鲈"究竟是何面目？千百年时间的风沙，将一切遮掩得模模糊糊。

与其含混不清，我更愿相信"松江鲈"是从海里逆流游来的花鲈。吴郡濒海，吴淞江亦入海，捕几条花鲈想必不是难事。两三尺长的花鲈作脍才好嘛。或许，花鲈就是"松江鲈"的真身，谁说不是呢？

花鲈，即海中鲈鱼，为海岛人所看重。宋宝庆《四明志》记录各种鲈鱼时提到"有海鲈，皮厚而肉脆，曰脆鲈，味极珍，邦人多重之"。鲈，字从卢，黑色曰卢。其体色青灰，背脊上有黑色圆形斑点，如玉花，又称玉花鲈。

清人徐珂《清稗类钞》中寥寥数语，将花鲈的习性、特点描绘得很清楚："鲈，可食，色白，有黑点，巨口细鳞，头大，鳍棘坚硬。居咸水淡水之间，春末溯流而上，至秋则入海，大者至二尺。古所谓银鲈、玉花鲈者，皆指此。"

吾乡舟山，海水清澈，岛礁密布，花鲈在此洵为天堂。秋后，鲈鱼始肥，肉白如雪，细嫩鲜美，无丝毫腥气，渔家多以鲜食，宜清蒸、红烧。常见一些人家，将新鲜鲈鱼清蒸，佐以葱姜、米酒、豉油，简单清爽，鲜嫩可食；或将鲈鱼蒸熟后以热葱油沃浇，鲜香四溢，细嫩无比。

有次与亲友到饭店吃饭，见鲈鱼新鲜诱人，问老板如何吃法，推荐说铁板鲈鱼。片刻工夫，服务员端上来一铁盘，中间盛着个锡纸包，用牙签划开，顿觉一股热烈的浓香扑面而来。鱼肉入口鲜嫩细滑，带少许酸辣，顿觉胃口大开，连平时不沾鱼腥的儿子，也叫着好吃，连连下筷。后来，刚刚

图1　白鲈，《中国海鱼图解》

十岁的儿子多次念叨，说还要带他去吃铁板鲈鱼。

　　曾经在嵊山的餐馆中吃过一次鲈鱼生。那次，在街市上遇见相熟的钓鱼人从海上归来，肩上挎着四五条青灰发亮的鲈鱼，看得眼馋，购来五斤多重的一条。约上平素好友，三四人拥进餐馆，嚷着让老板来个一鱼三吃——一半清蒸，一半鱼生，剔下来的鱼骨与鱼头炖汤。不愧是嵊山的餐馆老板，几根烟的工夫，两个大盘和一大盆汤陆续端上桌来。

　　大概是因为新鲜，清蒸鲈鱼刀口处的肉翻卷着，透出诱人的气息。那盆鲈鱼豆腐汤已经熬成奶白色，醇厚有回味，鲜得掉眉毛。那盘鱼生可见出老板极好的刀工。白瓷盘里叠着薄薄一层鱼片，浅粉色的鱼肉纹路清晰可见，夹起一片，薄如蝉翼，晶莹透白，脑中立马跳出个风雅的词——肌肤胜雪。

芥末浓烈呛鼻的气味逐渐缓和，鲜嫩并略带海水腥咸的滋味开始在舌尖漫延，咀嚼中，有丝丝甜意涌上喉间。一口白酒下肚，我想，不知当年张翰的鲈鱼脍，是否有如此滋味？

近些年，海钓逐渐热门，嵊山街头常有装备齐全的钓鱼人出现，一身白色钓鱼服，专业极了。都说海钓会让人上瘾，一些钓鱼人甚至从遥远的北方，飞机、火车、轮船，辗转着来到东海的小岛，然后雇艘当地人的小船，向着东海深处的浪岗山、海礁挺进。

听他们聊起过钓鲈鱼时的刺激，当钓竿尖像触电一样抖动，就猛地起竿刺鱼，一股巨大的拉力立刻从海水深处传导上来，硕大的鲈鱼会拉得钓竿像弓一样弯曲，剧烈的抖动和挣扎所传递的快感，让人肾上腺素激增，就算晕船的人，此刻也没了恶心欲吐的感觉。

在钓鱼人眼里，一两斤重的鲈鱼简直是小儿科，五斤十斤的才会引起他们的兴趣，二十多斤的也不稀奇，据说有人曾钓上过三十五斤重的，简直可以称鲈鱼王了。以前在嵊山看到过一张照片，一个在当地工作的背着几条刚钓来的鲈鱼，

图2 鲈鱼,《金石昆虫草木状》

其中一条足有半人多高。

本地方言中，有个鲈鱼专属的词语——"甩鲈鱼"，一个甩字，很能体现钓鲈鱼时的迅猛、张扬和力道。曾听父亲讲过他当年甩鲈鱼的情景——找根粗竹竿，系上鱼钩鱼线，往鱼钩上挂块白布条，在礁石旁的激流中来回拖动。喜欢逆流索饵的鲈鱼见眼前一闪，以为布条是啥美食呢，凶猛地扑过来一口吞下。当感觉到鲈鱼上钩时，迅速地用力甩竿，鲈鱼十有八九是跑不掉了。但纸上得来终觉浅，只有亲自上手，才会明白掌握好"甩"字诀是何等重要。

鲈鱼身上一把刀，它全身上下的棘刺异常锋利。有朋友说以前在船厂碶门水道里发现一条鲈鱼，于是下水去捉，结果手上、腿上被割得血肉模糊，伤疤至今清晰可见。

行文至此，想起不久前两位渔民出海捕鱼失事的惨剧。人们习惯在优雅的环境里享用美味的生猛海鲜，又有谁能了解渔人的艰辛和不易？

"江上往来人，但爱鲈鱼美。君看一叶舟，出没风波里。"当年范仲淹的悲悯，今天的我们很难体会。

悲情望潮

望潮，是一个很有境界的词，望潮涨潮落，能体会宇宙间万物循环生生不息的道理。有一年登宁波招宝山，时值潮涨，海潮如千军万马自天际奔涌而来，雄浑壮阔，让人豪气顿生。

望潮，还是一种海蟹，招潮蟹的别称就是"望潮"。李时珍《本草纲目》云："似蟛蜞而生海中，潮至出穴而望者，望潮也，可食。"招潮蟹一螯巨大，涨潮时，举大螯上下运动，似乎在召唤潮水，故名。

望潮，更是一味令人痴迷的海鲜，脆美鲜嫩，是一些海鲜餐馆的招牌菜。店家将望潮养在玻璃水箱里，以广招徕。一只只吸附在玻璃板上的望潮，蠕动着八条柔软的触须，如飞天女神飘舞的衣带，吸引食客的目光。

对一些外地人来说，初到海边，有很多让他们迷惑的事物，看似相同，但本地人就能分出个子丑寅卯来，比如鲳鱼与长鳞、婆子；比如曼曼与花鱼、黄甫、黑甫；再比如望潮与章鱼。

从外形上来看，望潮与章鱼几乎一致，它们本就是同一家族的堂兄弟，望潮的八条腕足长度相近，章鱼则明显的长短不一，而且体型也更为庞大。两者之间细微的差异，甚至连有些海岛人也分辨不了，更何况从未见过大海，不知望潮为何物的内地人了。就连大学问家宁波人全祖望也没弄明白，他说："大算袋鱼为吾乡土物，即所谓望潮者也。其大者曰章举，亦曰章距。"章举、章距，皆为章鱼的别称，显然全先生将章鱼和望潮混为一谈了。

尽管章鱼有时候也被称作望潮，但据资深老饕讲，望潮滋味要略胜几分，明崇祯《宁海县志》卷三就说："望潮，形似章巨，味颇胜之。"

民间饮食中，多将望潮红烧或白灼。象山石浦有名的海鲜"十六碗"，就有一道红烧望潮，脆韧弹牙，咸甜适口，乃佐酒下饭的好菜。红烧望潮，美则美矣，但吃起来满嘴都是浓重的调料味，反而少了几分原本的鲜味，以个人经验来看，还是白灼望潮更值得称道。

白灼望潮很能考验厨者手艺，火候分寸极难掌握，早一分则肉生，有腥气，过一分则肉老，如橡皮筋一般久嚼不烂。有经验的食客，先将活望潮装入塑料袋，在地上摔打几下。望潮被摔得七荤八素，本能地将肉收紧，据说此举能令望潮口感更为脆嫩。出锅后的望潮，迅速以冰水浸泡，蘸着酱油、芥末来吃，肉质松脆鲜嫩，有一种神奇的鲜美醇香。

以前在亲戚家吃到过糟望潮，切成一截截，如秋后的朽枝，盛在瓷盘里，干瘪枯瘦，毫不起眼。待饭锅中蒸出，一

图 1　望潮,《尼崎图上·尼崎鱼谱》

股浓郁的糟香扑入鼻腔，引人馋涎欲滴，入口酥脆甘甜，很是下饭。说起来，糟望潮还是道历史名菜呢，明代宋诩《宋氏养生部》中记录有望潮羹、辣烹望潮、煿望潮等多种望潮看馔，其中就有糟望潮。可惜的是，多年前的惊鸿一瞥，如今已无处可觅了。

明代杨慎编著《异鱼图赞笺》中说望潮"生于海泥中，潮至则出穴取食，故以为号"。望潮之名，颇有诗意，常让人想起"春江潮水连海平，海上明月共潮生"的诗句。望潮以海涂为生息之地，平时深藏洞穴，每当海潮来临时，它爬出洞穴，八条腕足迎潮舞动，似在迎接海潮，又似在举行某种仪式。春江潮涨，海上月明，望潮迎潮而舞的情景，如一出旷世的戏剧，浪漫、唯美，令人感动。

别看望潮小巧玲珑，以为它是自然界的弱者，人家可是站在食物链上端的。宁波有民谚称"奇怪真奇怪，望潮吸沙蟹"，望潮与沙蟹同栖于海涂上，有各自的洞穴，尽管沙蟹比望潮在涂面上要灵活得多，在洞穴里却远不如望潮敏捷。沙蟹一旦误入望潮洞，望潮长满吸盘的腕足迅速将沙蟹吸裹住，沙蟹无法动弹，只能乖乖地做砧上肉了。不仅如此，望潮甚至还能与凶猛的青蟹一决高下。古语有云："望潮……渔者谓其能食蟳蜅。"蟳蜅就是称霸海滩的青蟹，一对坚硬的大螯，让很多海族避而远之，而看似柔弱的望潮却能歼而食之，莫非望潮也懂得以柔克刚的功夫？

图2　游鱼（望潮），《中国海鱼图解》

　　一旦遇到威胁或是有风吹草动，望潮的反应非常灵敏、迅捷，速度之快，让人惊叹，故有渔谚云："望潮八只脚，后生鳖（追）勿着。"八条腕足甚至还能迎着海水飞奔，清代宁波诗人陈汝谐所作《望潮》诗中"八足轻趱斗水飞"即是言此。有时稍不注意，装在箩筐里的望潮莫名其妙地就溜逃了，看来，望潮是自然界的遁逃大师，谁让人家长着八只脚呢。

　　如果遇到逃不了的情况，望潮会使出惯用的伎俩，用腕足和吸盘紧紧缠吸住对手。一次，带几个外地朋友玩渔家乐出海捕鱼，捕上来一堆小鱼小虾，一个妹子觉得有趣，拈起一只望潮拍照，哪知望潮就势而上，八条腕足紧紧缠住手腕，怎么甩都甩不脱，吓得妹子花容失色，连连惊叫。

不过，望潮也有悲哀的时候。"九月九，望潮吃脚手"。入冬之后，天寒地冻，望潮躲在深穴里听着北风呼啸，日子过得冷清凄凉。海潮带来的食物慢慢少了，肚子里的幼子越长越大，使得它行动迟缓，无法获取食物。饿得实在受不了，望潮只好啃着自己的腕足来保命，直到只剩下光溜溜的身体。

当某一个大潮来临时，望潮用最后的一点力气，吸口海水猛地向后一喷，就势钻出洞穴。随着落潮的海水一起滚落到海底，然后慢慢死去。但望潮的生命并未就此终结，它体内的幼子逐渐成熟，终于在某一天拱出母亲的身体，随着潮水漂向海的深处。

用不了多久，到来年春天幼子们长成小望潮时，又将随着潮水回到海涂上，循着它们父母的踪迹，在滩涂上挖洞、繁殖，对着潮水起舞，如此一代一代，循环不息。

夫人海上来

夏秋交替的时节，正逢禁渔政策日渐趋紧，平常惯见的鲜活鱼虾绝了迹，海岛人家的餐桌上仅剩下淡菜聊可慰藉人们寡淡的肠胃了。

淡菜是菜，其实又不是菜，它并非人们种植于田间地头的菜蔬，而是一种产自海岛礁岩间的贝类。在海岛人的饮食谱系中，淡菜价格低廉但又异常鲜美，颇受一班"当家人"[①]的青睐，是日常餐桌上的主打肴馔。

尽管淡菜有个正式的名称——贻贝，但海岛人仍习惯称其为淡菜。作为贝类，从外观上来看，淡菜与蚌、蚶之类的海产并无二致，区别只在于淡菜壳呈有光泽的黑色，这就比较少见了。难怪中国最早解释词义的专著《尔雅》就将贻贝记载为"玄贝""贻贝"。晋代郭璞解释为"黑色贝也"。

淡菜之名有何来历，因何得名，估计如今没有人能回答上来，古代文人对此倒有多种解读。如明代郎瑛就费了一番心思，他在《七修类稿》中云："杭人食蚌肉，谓之食淡菜。

---

① 当家人，一般指家庭主妇，海岛家庭中大多男人捕鱼，女人操持家务。

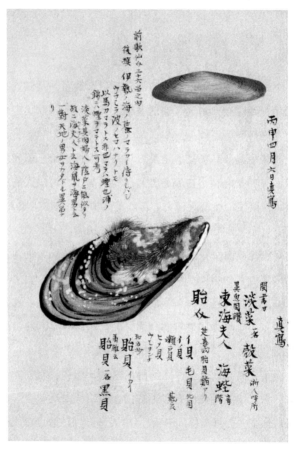

图1　淡菜，《梅园介谱》

予尝思之，命名不通。如以淡为啖固通，而菜字义亦不通……后见广人云南海取珠者名曰蜑户。盖以蚌肉乃取珠人所常食者耳，贱之如菜也。其义始通。"清人阮葵生在《茶余客话》中亦持此说："淡菜，即蚌肉也，始于蜑户多食之，遂讹为淡。"

蜑户散居广东、福建等地沿海，以捕鱼采珠为生，不入户籍，不得陆居。淡菜属沿海常见的贝类，兼之数量丰富，蜑户多采而食之，遂以蜑户所食之菜演化而成淡菜。这种说法固然有些道理。

清代聂璜对此另持一说，他在《海错图》中认为："其性必嗜淡水于泉石间，故恋恋不迁，此淡菜之所由以得名也。"此说有其不合理之处——长于礁岩高处的淡菜在海水退潮时，有可能吸取到淡水，但海底深处的淡菜，恐怕一辈子都没有露出水面的机会，它是如何"嗜淡水于泉石间"呢？

淡菜除了可称为贻贝，在古籍中另有壳菜、海夫人等名。壳菜，容易理解，无非壳中包藏贝肉之意，而海夫人恐怕不是一般内陆人士所能领会的。明人杨慎《升庵经说》对此隐晦地说："宁波有淡菜，其形不典。"不典，意即不典雅，粗俗。淡菜怎么会让人有粗俗之感呢？

清聂璜《海错图》记载："淡菜，产浙闽海岩上，壳口圆长而尾尖。肉状类妇人隐物，且有茸毛，故号海夫人。"寥寥数语，勾画明白。

看来聂璜此人颇有些娱乐精神，他为淡菜作有《海夫人

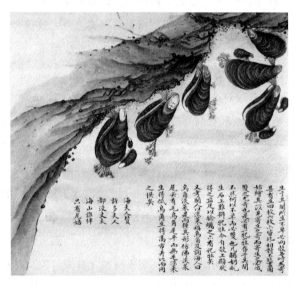

图 2　海夫人（淡菜），《海错图》

赞》，极尽戏谑之能事："许多夫人，都没丈夫。海山谁伴，只有尼姑。"读来令人喷饭。

别看淡菜多为蜑户所食，但在唐代，宁波出产的淡菜却是实打实的贡品。据《资治通鉴》记载，唐宪宗元和十二年（817）："初，国子祭酒孔戣为华州刺史，明州岁贡蚶、蛤、淡菜，水陆递夫劳费，戣奏疏罢之。"据说当年为了从宁波将淡菜等贡品输送到遥远的帝都长安，耗费了大量人力，百姓苦不堪言，经孔戣上奏才予以取消。

说到唐宪宗，民间还流传有他和淡菜的故事。

传说，宪宗李纯登基不久，有一个太监献媚求宠，把远在千里之外的宁波淡菜作为佳肴推荐给宪宗。李纯是个怠于政务、勤于吃喝的皇帝，便下令宁波进贡此品。宁波刺史搔破头皮，衙吏们奔断脚筋，总算弄到一些民间窖藏的冰块，包上最高档的淡菜，星夜兼程，直奔长安。太监接到贡品，急送御膳房，稍撒几粒盐花，略放几丝姜片，而后盛于镂花银碟，侍候李纯进膳。没想到李纯一看竟叫了起来："咦，这是什么？扁不扁，圆不圆，太难看啦！"幸亏旁边一个宫女机灵，赶紧剥壳，将嫩黄的贝肉用象牙筷夹着送到李纯桌前，李纯一尝，赞不绝口。李纯下令宁波岁贡淡菜一石五斗，淡菜从此身价百倍。

淡菜以足丝附着在礁石丛中，越是水深之地，生长越是繁茂。舟山的马鞍列岛地处东海大洋，水质常年清澈洁净，

图 3　铲贻贝，舟山博物馆

生长在此的淡菜丰腴异常。每年农历七八月是淡菜最为肥美的季节，鲜嫩的贝肉几乎充满了整个壳体，渔人适时而动，一叶叶轻舟驰向波涛深处。

　　早前，采取淡菜是项带有极大风险的行当，渔人们携带长柄铁铲、网袋，憋口气潜入海中，在几丈深的水里寻觅淡菜密集之处，随即以铁铲凿取装入网袋中。海底礁石林立，人入其间，如入刀丛，稍有不慎，头破血流。再加上周边环境险恶，猛鲨怪鱼伺伏，危机不经意间就会降临。一些渔人为贪图多装些淡菜，因负重而无法上潜，往往酿成惨剧。

近些年来，海岛上兴起人工养殖淡菜的热潮，这种称为"拱淡菜"的行当几乎绝迹。渔人们在海上打桩、牵绳，划分界限，如耕耘农田般劳作在海天之间。每到收获季节，一串串的淡菜可轻松捞取，渔人们再也无需潜入那令人生惧的深渊。

从海里湿漉漉地来到市场，黑漆漆的淡菜在摊档中颇为醒目，鱼贩将淡菜层层码起，垒砌成一座座黑色的岛屿，然后在岛屿顶上露出笑脸来：淡菜称两斤去？

烹煮淡菜是件不必开动脑筋的事，不用添加佐料，甚至不用加水，清洗、入锅，开猛火三五分钟，须臾间一大盆热气蒸腾的淡菜摆上桌案。剁上姜蒜，倒上酱油，手指稍稍用力掰开壳，随手用壳边一撇，铲下微微颤动的淡菜肉，奶白色的汁液随着手指流淌下来，咀嚼间只觉唇齿生津，满口鲜香。此时，若再配一盏温热的老酒，恐怕会使人萌发出人生不过如此的感慨。

曾在古籍中见过宁波有多种烹调蚶贝的技法，宋宝庆《四明志》云："土人烧令汁沸，出肉食之。若与少米先煮，熟后去两边锁及毛，更入萝卜、紫苏同煮，尤佳。"淡菜煮萝卜、煮紫苏，数百年后的当下已不可见，淡菜煮冬瓜汤或是炒青椒倒是岛上日常菜色。尽管上不了宴客的豪华酒席，但居家饮食或是三五故友小酌，还是十分适宜的，简单、普通，不张扬，却又滋味无穷。

前些年，我寓居枸杞岛，岛上以淡菜养殖为主产业，产量颇盛。与岛上人混熟后，每到季节，桌上总少不了一盘免费的淡菜。下酒、佐餐，久食不厌。邻居中有北方至此谋生者，居住数年，仍不能适应岛上饮食，经常一脸不解地看我大快朵颐。而我看他，仿佛"如入宝山空手归"的修行者，为他生出一种遗憾来。

巨鳃鮸鱼味最长

石首鱼家族是个庞大的族群，大大小小有上百种之多，最为人熟知的便是大黄鱼。民间有个说法，说大黄鱼有兄弟七个——大黄鱼、小黄鱼、黄唇鱼、毛鲿、黄姑鱼、梅童鱼和鮸鱼。按照现代的分类方法，它们属于石首鱼科，这些鱼类的头部都有"耳石"，即民间所说的"鱼中"。从七兄弟外形来看，的确有些相似；而从渔民的角度，这七兄弟从体型、颜色、肉质和价格等方面看，还是有很多差别的，所谓的七兄弟最多只能算堂表兄弟。

当前，黄唇鱼和毛鲿几乎绝迹，江湖上只剩下它们的传说；大黄鱼踪影难寻，坊间偶有的野生大黄鱼传闻，也只是从养殖网箱遁迹而逃的养殖黄鱼又被渔人钓获而已；黄姑鱼产量不大，难成气候；而小黄鱼和梅童鱼娇小玲珑，不堪重任，剩下的只有鮸鱼能勉强撑起石首鱼一族的门面了。

在宁波、舟山等地，人们对鮸鱼再熟悉不过。近千年前的宋宝庆《四明志》就对鮸鱼有深刻的认识，并将其分成多个种类："鮸鱼，状如鲈而肉粗，三鳃曰鮸，四鳃曰茅鮸，小者曰鮸姑。"清代象山人倪象占《蓬山清话》亦云："三鳃曰鮸，四鳃曰茅，不及斤许者鮸姑。"半辈子生活在海岛，

图 1　米鱼（鮸鱼），《三才图会》

不知日常所食的鮸鱼还有三鳃四鳃的说法，以后有机会倒可验证一番。鮸姑的称法最有意思，"姑"在此处可能是取未成年之意，即指尚未长大的小鮸鱼吧。

鮸鱼的"鮸"字对古时的渔民来讲，可能既难写又难认，为贪图方便，多以"鮸"的谐音"米"来代替，于是，鮸鱼就写成了米鱼。如明代王圻的《三才图会》中说："米鱼亦海中出，细鳞微黑，状如石首。"清人王士雄《随息居饮食谱》亦云："鮸鱼，形似石首鱼而肥大，其头较锐，其鳞较细……鮸，本音免，今人读如米。"

在舟山，有一处称"米鱼洋"的村落，附近洋面以产鮸鱼著称。据说舟山其他海域的鮸鱼多是黑鳞或白鳞，唯独"米鱼洋"上捕捞的鮸鱼长着黄鳞，通体金黄，煞是好看。所以，别处的鮸鱼只卖二三十元一斤，而这里的鮸鱼能卖到六七十元。

与石首鱼科的其他种类不同，鮸鱼能长到极大。明代屠本畯《闽中海错疏》中称鮸鱼"大者长丈许，重百余斤"，清代《记海错》中也称鮸鱼"大者长四尺许"。这些记载，想来也是有依据的，当前海洋资源衰退的时代，还时常能捕到半人高的大鮸鱼，更何况数百年前。在紧邻渔港的马路上，偶尔能看到鱼贩子的小皮卡驶过，一大截体型魁硕的鮸鱼露在鱼箱外，颤颤巍巍地，一路疾驰而去。

鮸鱼肉质较鲈鱼略为粗粝一些，但鲜美程度毫不逊色，且肉膛纯厚,少细刺,"作脍、下汤,及蒸刍皆可啖之"。民间多以鮸鱼抱盐为日常菜,简便易行,不需耗费太多的精力。蒸熟后的鮸鱼,能用筷子沿着肌理一层层夹起,肉质嫩白,富有弹性,更具嚼头。

在餐馆酒店的菜单上,大多有一道"鮸鱼羹",以鮸鱼肉辅以芹菜、鸡蛋等普通食材烹成,异常鲜美,为食客们推为"众羹之首"。"秋季八月吃鮸鱼",夏秋之际,鮸鱼处于产卵期,最为肥硕。彼时,接待外地的朋友,一道鲜美热烫的"鮸鱼羹"是不可少的。

深谙美食之道的老饕们,绝不会放过鮸鱼头。不过话说回来,鮸鱼头好在哪里呢?当下,鱼头在饮食江湖中风头正劲,鮸鱼头入馔红烧,远胜那些淡水鱼头百倍。一两斤重的鮸鱼,鱼头太小,烧不出什么滋味,最好是五六斤以上的。以快刀将鮸鱼头从中间劈开,入大锅猛火急攻,再以文火慢炖,直炖得酱汁浓稠,骨软肉酥,鲜香扑鼻。

古人认为,鮸鱼头上有四美:鳃、唇、颌、眼。鮸之脑味尤佳,四明谚云:"宁可弃我三亩稻,不可弃我鮸鱼脑。"舟山也有类似俗谚:"宁可忘割甘亩稻,不可错过鮸鱼脑。"这两句民谚流传广泛,做鮸鱼头的广告语再合适不过。

古时的人们以农田为安身立命之本,不管是三亩,还是甘亩,虽然是夸张之语,但由此可见人们对鮸鱼头的热衷程度。更有甚者,清人范观濂有诗咏道:"甘弃稻田三百亩,鮸鱼头好必须尝。"宁愿舍弃三百亩稻田，也要品尝鮸鱼头，这份霸气，与爱江山更爱美人的古代帝王不遑多让了。

《太平广记》中记载：大业六年，江浙进贡两种鮸鱼肴馔，甚为隋炀帝嘉赏。一种是鮸鱼干鲙，以鳞细而紫色长四五尺的鮸鱼所制。渔民在海上捕获鮸鱼后，"去其皮骨，取其精肉缕切，随成随晒"。鮸鱼干鲙储存于密封的瓷瓶中，经五六十天仍能保持新鲜如初。吃之前，取出鮸鱼干鲙，用干净布包上，用水泡上半个时辰，然后取出沥干，御厨以香菜叶拌之，味道极其鲜美。

另一种为鮸鱼肚。取自两尺长以上的大鮸鱼，加盐腌渍，然后平铺在板上曝晒，晚上则收起。经过五六天后，才能晒干收藏，滋味要好于黄鱼肚。

鱼肚，即鱼鳔，亦称鱼胶。以大黄鱼、鮸鱼等制成的鱼胶有大补之效，很受海岛民间推崇。清人郝懿行《记海错》中载："此鱼之美乃在于鳔。"他认为，鮸鱼的精华是鱼肚。过去有个习俗，要是有快"发身"①的小伙子，家里会张罗着弄些鱼胶给他滋补身体。物资匮乏的年代，除了海里产的，的确也拿不出更好的东西。据说，滋补的效果，鮸鱼胶要胜过黄鱼胶，而且鱼越大，鱼胶的药效越好。

在我出生的时代，海洋资源大不如从前，若干年后想弄

① 发身，身体发育。

煮敏

Corvina diacanthus 1741   Manigu

图 2　敏鱼（鲵鱼），《中国海鱼图解》

些滋补的鲵鱼胶而不得。后来，发生过一件关于鲵鱼胶的奇事。那年，我暂居嵊山岛，托人买了箱鲵鱼，斤把重的二三十条。一番剖杀清洗后，堆起满满一盘鲵鱼胶。正思忖着如何个吃法，宁波的老友来电，说是单位同事需要一味药物做引，让我代寻些鲵鱼胶。我大惊：难道朋友是通过什么高科技手段，能看到我脚下的那盘鲵鱼胶。和朋友一说，他也啧啧称奇。

曾见过一些资料，说鲵鱼族群里有种叫金钱鲵的生性机警，能侦测到渔网与海水冲刷所产生的声波，而它的眼睛能辨识出含有杀机的诱饵，渔民要想获取金钱鮸极不容易，因此，价值不菲。而其他的鮸鱼则不具备这种特性，甚至有些莽撞，往往会自投罗网，轻易上钩。清代郭柏苍在《海错百一录》中记载了渔人钓鲼鱼的趣事："钓鲼鱼者，钩之倒刺在前，钓黄花者，钩之倒刺在后。谚曰：鲼鱼好进又不进，黄花好退又不退，言鲼鱼进黄花退，皆可脱钩而遁。"鲼鱼，即鮸鱼。

其实，这则记录恐怕有误，所谓钓钩可能是渔网。鮸鱼身狭头锐，入渔网后只要用力向前方冲刺，有很大机会能脱身而出。而鮸鱼偏偏习惯逆向而行，鱼鳞反挂网上，这下叫天天不应，叫地地不灵了。

清人方文在《品鱼》中讲得更为玄乎，让人瞠目称奇："鮸……每岁四月从海上来，绵亘数里，其声若雷，渔人以淡水洒之，即围围无力，任人网取。软免同音，故名。"鮸鱼沾到几滴淡水，就像被施了魔法，失去逃生能力，成了任人宰割的羔羊。行文至此，想起另一奇闻——堂弟业渔多年，一次流网作业中，有条十多斤的大鮸鱼挣破渔网，行将逃遁。堂弟情急之下，纵身入海，抱住鮸鱼。当年，堂弟才二十来岁。事后，他庆幸：鮸鱼刚从网中脱身，反应迟钝，行动缓慢。否则，真不敢想。

美味还夸八月鳎

虾鳎头大眼小，骨刺松软，肉嫩如膏，于是古时文人以孱弱目之，鱼旁加孱，给了它专属的"鳎"字。殊不知，虾鳎柔弱的外表只是迷惑对手的假象，实则它生性凶猛，是残暴的海中杀手。

潮流平缓的浅海礁岩间，虾鳎静静伺伏，那些体型不大的白虾、毛虾和小型鱼类是它钟爱的猎物。一旦目标锁定，虾鳎迅猛出击，能扩张数倍的巨口瞬间将猎物噙住，随之吞咽入肚。

不知多少次，在清洗虾鳎时，总能从它鼓鼓囊囊的腹中扯出一尾小手指宽的鲦鱼来，几乎占到虾鳎的一半大。有时还能翻出四五只红虾，或一只小濑尿虾来，让人怀疑虾鳎不过巴掌长短、手指粗细的小身材里，有着可与百宝囊媲美的无限容量。

一直以来，在海岛人的日常食谱中，虾鳎恐怕是最便宜的海鲜，如今在菜场花上一二十元就能买上好几斤，价格低廉到令人难以置信。

令人意想不到的是，价廉反倒成了虾鳎的原罪，一些古人将其贬作"穷人的食物"。清代郭柏苍的《海错百一录》

图 1　狗吐（虾蟒），《中国海鱼图解》

记虾蟒为“海鱼之下品，食者耻之。腌市每斤十数文，贫人袖归”。但谁能想到，便宜如斯的虾蟒，却是曾经进过皇宫大内的贡品。据清人郭钟岳《瓯江小记》记载：“明初入贡，张罗山奏罢之。”明初，温州当地的虾蟒与石首鱼、黄鲫鱼、虾米等海产作为贡品，供奉朝廷，后在明世宗嘉靖年间因华盖殿大学士张孚敬奏而罢之，渔民们如释重负。清人戴文俊的《瓯江竹枝词》对此吟咏：“喜煞龙头鱼罢贡，海天如镜种蚶苗。”只是，虾蟒从此跌落尘埃，成为遭人看不起的“海鱼之下品”。

尽管便宜，但海边人家却从未对虾蟒有所轻视。因其鱼头似龙，一些地方从古时候开始就称其为“龙头鱼”，这几乎是海族中少有的“殊荣”。不单如此，古籍中记录的几种虾蟒的古称，鰝、鲢、鲩，也是非常古雅，富有文化味。

除了这些高端、能上台面的名字，虾蟒还有众多的俗称，如福州人的油筒和水晶鱼、岭南人的绵鱼、上海人的豆腐鱼，温台人的鼻涕鱼。最有意思的当属广东人，他们称虾蟒为“九吐”。九，广东方言读狗（音），九吐也即为狗吐，寓意为肉质欠佳，连狗都不吃。至于舟山人为何将它与虾扯上关系，称之为虾蟒，这就很难理解了。

近些年，舟山群岛旅游业大兴，一些餐馆老板为招徕生意，费尽心思为虾蟒取了个“东海小白龙”的名号，这真是个让人叫绝的创意，甚至比“龙头鱼”要高明一截，喊起来

龍頭魚產閩海巨口無鱗而白色
止一脊骨肉柔嫩多水亦名水澱
蓋水沫所結而成形者也雖略似
紫狀然紫魚有子此魚無子食此
者投以沸湯即熟可哎

龍頭魚贊

閩本魚形豈以龍稱
只因口大遂得虛名

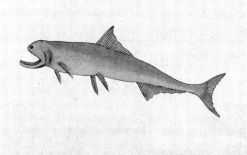

图 2　龙头鱼（虾婼），《海错图》

也十分响亮。

日暮时分，沿海岸铺陈开来的夜排档灯火夺目，一拨拨食客涌来又散去。吼一嗓子"老板，来个白灼东海小白龙"、"红烧东海小白龙"，端的是十分有趣。

虾蛄长年皆有产，但以秋天所产为佳，此时的虾蛄肉质软嫩柔滑，通体晶莹如玉，难怪清代象山人王植三在《东门竹枝词》中盛赞："美味更夸秋八月，千条虾蛄网来时。"

食用虾蛄是最不费力的事，不像其他鱼类，有鱼刺哽喉之虞。虾蛄通体仅一脊骨，柔而脆嫩，可节节嚼碎入肚。更别说嫩如豆腐的鱼肉了，就算三岁小儿，也能"稀里呼噜"，吃得有滋有味。

岛上人家多以豆腐与之红烧，清淡无味的豆腐浸透着虾蛄的鲜汁，舀起一勺放进口中，软嫩香滑，都分不出是豆腐还是虾蛄肉了。除此之外，虾蛄汤也是海岛渔家经典菜式，一勺酱油、几截山葱，热气腾腾地一大碗上桌，足以勾走海岛人的魂魄。

面拖虾蛄则为小孩们所热衷。虾蛄裹上面粉，下油锅炸得外酥里嫩，油香弥漫开来，引得一众顽童丢了手中玩具，聚拢在灶台旁，眼巴巴地盯着锅里，嘴角涎水流淌。

岛上一些饭店将面拖虾蛄的做法加以创新，用生粉替代面粉，油炸出锅后撒上椒盐，除了原本的鲜嫩香脆，又多了种麻酥的味道，更受老饕们欢迎。

　　说起来，虾蝤入馔有上千年之久了，在浙江温岭一处唐代碑刻中，就出现了"鰝"字。而"蝤"字则是近年根据音义新造的形声字，用来形容虾蝤柔软孱弱的身子骨，极为形象。尽管"蝤"字应当从虫还是从鱼，人们各持一说，时有争论，但并不妨碍我们的老祖宗将虾蝤收入釜中，煎、炸、烹、煮，大快朵颐。

　　据《梦粱录》《武林旧事》等书记载，南宋时期，在都城临安的食肆中，就有干制的虾蝤鱼干出售了。千年以下，一脉而承，在时下的宁波及舟山，老辈人还热衷于一种盐腌干制的虾蝤鱼干，人称"龙头鲓"。

　　甬人尚咸，"龙头鲓"经重盐腌透，小小一根，就足以送下一大碗米饭。另有种不加盐的淡"龙头鲓"，系趁日头晴好时晒干，一些老渔人喜欢用来侑酒。咬一截"龙头鲓"，啜一口黄酒，品咂之间，海上生涯的种种艰辛和不易，便瞬时在眉头上舒展开来。

风味从今忆鲻鱼

入秋之后，海上鲻鱼旺发，岛上的菜场多了许多售卖鲻鱼的摊档。

大自然似乎在维持着某种精妙的平衡，水族们此消彼长——一种鱼逐渐衰退，另一种则逆势兴起。鲻鱼出现在泗礁山周边海域好像是近几年的事，印象中，这种与黑鱼极为相似的鱼类往年并不多见，嵊山、枸杞岛才是它们生存的乐园。

对于渔家人来说，自小吃惯了鱼虾，桌上若少了荤腥谁还能吃得下饭去。可惜如今鱼价高昂，当家主妇们每日掂量着兜里的买菜钱，在海鲜摊档前踌躇再三，下不去手。鲻鱼肉厚鲜嫩，价格又不贵，自然获得了主妇们的青睐，你拎一条，她称两条，一会儿工夫能把满满一筐席卷一空。

十余年前，我曾被公司派遣至嵊山岛工作数年。孑然一人，便在素有联系的某单位搭了伙，一来图个方便，二来人多也热闹一些。

嵊山岛孤悬海外，已是中国极东之地，波涛渺茫，舟楫不便。我在此的几年，境况如同老卒戍边，前途遥不可卜，心中苦闷彷徨无法排遣，几样日常饮食竟成了稍予慰藉的灵

案苑云松江海氏於潮泥中
墨沁仲春於潮水中捕小鲻
监寸者养之秋而益尺腹背
皆腴为池之最其鱼至冬
能穿泥自藏本草云此鱼食
泥与百药无忌久食令人肥
健神女传载介象与王论
鱼味稱鲻鱼为上乃於殺前
作方坎沈水饼鲻鲙之

鲻鱼脊
鲻鱼唉泥
目赤脊丰
至冬代土
性同鳘鲦

图1　鲻鱼，《海错图》

169

药。一样是当地素来多产的淡菜，一样便是鲻鱼了。

　　尽管嵊山岛上鱼虾蟹贝品类繁多，但价格大多不便宜。搭伙单位人多，加之费用有限，食堂阿姨为每日的菜肴搭配着实费了点脑筋，于是价廉而味美的鲻鱼成了主打菜色。那几年每到秋冬时节，餐桌上时常会有一道红烧鲻鱼，鱼肉细嫩肥厚，烧得也入味，很受欢迎。有时，阿姨将鲻鱼子和鱼白一起红烧，与鱼肉混着吃，味道更是让人叫绝。

　　嵊山街市上出售的鲻鱼，分剖取鱼子和没剖取的两种，价格差了几元。我曾托人从船上买了些鲻鱼，趁着西风天干燥，切成一两公分厚，以酱油、辣椒腌渍晒干。剖出的鱼子有一大盆，索性一半晒干，一半盐腌，好随时取两块来蒸。这样，下饭下酒的菜都有了。

　　鲻鱼肚里还有鱼胗，如栗子大的一颗，吃起来滑脆而有嚼劲，比鸡胗、鸭胗好吃多了。

　　淡菜在七八月间成熟。一些水产公司的加工场地多在海边，清洗、烹煮淡菜的废水就近排入海中，其中富含的养料竟然吸引了鲻鱼前来觅食。那是让人惊叹的场景——无数青黑色的脊背紧紧挨挤着，围聚在码头下、近岸的礁石旁，仿佛龙宫里的千军万马奉了龙王爷的号令奔腾而来。

　　在一些岛人眼里，鲻鱼到来意味着集体的狂欢正式开启了。大伙儿提着钓鱼工具，向码头和海边走去。随意挂上些淡菜肉做的饵，将鱼钩抛向簇拥而至的鱼群，一眨眼的工夫，就感觉鱼竿前头一沉，猛一提，一尾壮硕的鲻鱼被扯出了水面。钓鲻鱼几乎不需要技术，连一些平时热衷于搓麻将的女人，都会凑热闹加入进来。没有鱼竿，随手拿根晾衣竿，绑上鱼线、钓钩就成。钓鲻鱼是七八月海岛上的一景，码头上，人们也像鲻鱼一样密密地挨挤着，想找个好的钓鱼台地，都插不进脚去。

曾经有几次，跟着当地的朋友去钓鲻鱼，学着朋友的样子，挂上淡菜肉鱼饵，刚抛入海水里，只觉鱼竿头上有股大力猛地一拽，提起鱼竿时却发现鱼钩上已空空如也。原来鲻鱼性急，不像青郎鱼胆小谨慎，它连吃饵都是急吼吼地一口吞下。所以当感觉鱼竿上有力向下拉时，迅速扬竿，鲻鱼十有八九就跑不掉了。

在我寥寥几次的经历中，前后钓上过五六条鲻鱼，大的堪堪三四斤重——这是我如今在酒桌上时常向人夸耀的战绩，尽管在那帮嵊山钓客看来，是多么不值一提。

有时候，真想替鲻鱼鸣不平，一些上档次的宴席中，很少有鲻鱼的身影，似乎它更适合出现在渔家人的灶头。不过话说回来，你可不能因为鲻鱼便宜而对它有所轻视，人家可是进过皇宫内苑的，骨子里有贵族的基因。

《鹤林玉露》记载：高宗南渡之后，有一天，秦桧的夫人王氏到后宫向显仁太后请安，显仁太后发牢骚说："最近送到宫里来的鲻鱼没有大一点的。"王氏一听，拍马屁邀功的机会到了："我们家里有，明天我叫人送一百条给太后尝尝。"王氏回家后，将此事告诉秦桧。秦桧听后脸色立马就变了：这是赤裸裸的炫富啊，皇宫里拿不出一条，我老秦家一出手就是一百条，这让皇帝会怎么想？大祸临头了。

第二天一早，秦桧派人将上百条青鱼送进宫去。显仁太后见了，拍着手取笑王氏："我就说这婆娘是个乡下人吧，果然连青鱼和鲻鱼都分不清楚！"秦桧终究还是秦桧，圆滑有心计，他知道此时只能装傻，将太后糊弄过去，否则夫妻二人有杀身之祸了。当年，他们陷害岳飞时，秉烛东窗计何毒，哪会想到险些因鲻鱼捅出篓子，差一点人头落地。而显仁太后应该刚刚从金国获释归来，心里惦念着鲻鱼的肥美，恐怕早已忘记北疆五国城的风雪和屈辱了吧。

还有更加玄乎的事。

三国时，会稽有个方士名介象，有一天，吴王与他讨论什么鱼最适合做脍。介象说，鲻鱼为上。吴王问，这种鱼远在海里，现在能吃到吗？介象回答可以。于是命人在殿前挖了一个土坑，倒满水。不久就钓上一尾大鲻鱼。细切为脍，君臣大饱口福。

方士，就是古代会法术之人。

这则记载在《神仙传》里的异闻在今人看来，多少有些荒诞和无稽，但或许也可印证一个事实——从史料来看，至迟在明清时期，人们就已经掌握了鲻鱼的养殖技术。明代徐

图 2　鲻鱼，《金石昆虫草木状》

光启在《农政全书》中云："鲻鱼，松之人于潮泥地凿池，仲春，潮水中捕盈寸者养之，秋而盈尺。腹背皆腴，为池鱼之最。"

松江渔民在海边挖池，将捕到的小鲻鱼养殖起来，短短半年，收益颇大。由捕到养，是养殖技术的革命。

藤壶的故事

与深海大洋的波涛汹涌和危机四伏不同，岛屿周边的海域大多展现出平静和谐的氛围，以及蓬勃的生命力——沙蟹在海涂上打洞，蛎黄开启厚壳吐出几个水泡，顶着斗笠的胭脂盏缓慢蠕动着，胆小的寄居蟹从壳里探出身子四下探望……

在这方充满生机的天地里，藤壶表现出如同军队般的训练有素——一座座圆锥形的小火山，就是一名名顶盔掼甲的战士，它们挨挤在一起，将礁石遮蔽得没了一丝空隙，像座坚不可摧的堡垒。风浪袭来，一波接着一波，在藤壶堡垒前轰然破碎，瞬间退去，只留下一地残败的泡沫。

藤壶在海边经常可见，几乎任何海域都能发现它们的踪迹。落潮后海岸边的礁石、码头、浮标，甚至连轮船、鲸鱼、海龟的表面也会寄生藤壶。一些航标、航灯，往往会因为藤壶附着重量大增而导致沉没或失效。

1905年，日俄对马海战，战果出乎所有人的意料，日本海军竟然击败了俄国波罗的海舰队。事后分析，俄国舰队战败的主因是军舰的航速没有达到预期，贻误了战机，而罪魁祸首就是藤壶。附着在船底的藤壶增加了船体的重量和阻力，使得舰速缓慢，战斗力大降。

藤壶，这种看似弱小的生物竟然导致了一个庞大舰队的覆没，或许，还改变了历史的进程。

舟山人一般称藤壶为"锉"或"触"，台州称"冲"或"蛐"，温州称"曲"或"蛋"，虽然字不相同，但语音相差不大。古代则多写成蠔，或作蟳，宋宝庆《四明志》记载："蠔，生于海岩或篔竹，又一种曰老婆牙。"明弘治《温州府志》记载："其大者名老婆牙，壳丛生如蜂房，肉含黄膏，一名蠔头，以其簇生，故名。"

密密麻麻簇拥在一起的藤壶，确实如同蜂巢，一眼望去，一片连着一片，能让有密集恐惧症的人不寒而栗。藤壶味美，长相却颇为怪异，既不同于螺贝之属，与同样附着于礁岩上的蛎黄、胭脂盏也有着巨大的差别。清代聂璜《海错图》云："撮嘴……外壳如花瓣，中又生壳如蚌，上尖而下圆。采者敲落环壳而取其内肉。"敲去外壳后的藤壶多少有些丑陋，让人无法将之与美食联系起来。顶端有仿佛鸟嘴的硬喙突起，如刁蛮少女做噘嘴状，因而有了另一俗称"撮嘴"，与古代所谓的"老婆牙"，有异曲同工之妙。

说到老婆牙，想起两则宋代的逸闻，由此可知藤壶已是当时常见的海鲜肴馔。

一是宋代诗人黄岩徐似道替好友调解家庭纠纷的故事，十分诙谐有趣。

丁少詹与妻子闹别扭，负气到一古寺中，每日吃素念经，买螃蟹、螺蛳等放生，还要剃度出家。妻子心中着急，只好找到与少詹有深交的徐似道。徐似道见街上有人在卖老婆牙，心生一计，随即买了一大篮，请人带给丁少詹，并附上一阕《阮郎归》：

> 茶寮山上一头陀。新来学甚么。蜻蜓螃蟹与乌螺。知他放几多。 有一物，似蜂窝。姓牙名老婆。虽然无奈得他何。如何放得他。

徐似道送老婆牙并撰词，皆寓有深意：老婆有时多些唠叨，又有何妨，总不能因此不顾家吧？

丁少詹收到老婆牙，读罢《阮郎归》，豁然而悟，大笑而归。一场家庭危机消弭于无形。

一是宋人罗大经《鹤林玉露》中记载的一则妙对故事，亦与老婆牙有关。

南宋孝宗朝时，周必大与洪迈陪侍皇帝用膳。孝宗问洪迈，家乡有何特产。洪迈答："沙地马蹄鳖，雪天牛尾狸。"孝宗又问周必大，对曰："金柑玉版笋，银杏水晶葱。"

孝宗转而问一侍从，侍从回答："螺头新妇臂，龟脚老婆牙。"

侍从大概是浙江海边人，富有急智，灵活地以海螺、吹撮嘴非螺非蛤而有殼水花凝結而成外殼如花瓣中又生殼如蚌上尖而下圓採者敲落壞殼而取其內肉黑黃醃醉皆宜此物凡海濱岩石竹木之上皆生觸身魚骨螺殼蚌房無所不寄與牡蠣相類故其殼亦可燒灰

图 1　撮嘴（藤壶），《海错图》

沙鱼、佛手蚶和藤壶四种海鲜作对，而且相当精妙。

. 孝宗听罢，哈哈大笑。

江南沿海夙产海鲜，宋室南渡，定都临安后，朝廷上下以食海鲜为风尚，孝宗与侍从熟悉这些海鲜也就不奇怪了。不知宋孝宗尝过藤壶之后，有何感想？是否下旨让沿海州府采收进贡，未见记载，不好妄加揣测。

生活在海边的人，大多有"弄汰横""赶小海"的经历，除去钓鱼、捉蟹、捡螺、拔蛏子，"打触"更是很多人赖以谋生的行当。

里外两层坚硬的盔甲，足以令藤壶藐视一切外敌，但在"打触人"手下脆弱得不堪一击。"打触人"用小榔头敲碎一层坚硬的圆锥外壳，里面是灰黑色状如莲子的内壳，鲜美的藤壶肉就包裹在薄壳中。"打触人"手腕一翻，用榔头铁柄后端的小铲将内壳从岩石上齐根铲下，丢入桶中，动作迅捷如风。

"打触人"大多为渔家妇女，攀岩涉水，异常辛劳。常在菜场外见她们售卖藤壶，大多面目黧黑，手掌粗糙皲裂，让人不忍心跟她们讨价还价。在渔休季节，一些男人也会加入"打触"队伍中，他们约上三两同伴，驾小船驶向更远的岛礁。那里人迹罕至，危险如影相随，些许不慎就会导致意外发生，偶有噩耗传来，即便是不相熟的，也同样令人惊讶、悲伤，感叹生命的脆弱和生活的不易。

　　曾经寥寥几次的打触经历，让我对"打触人"的辛苦有了深切的体会。一次从一人高的岩壁上不慎滑落，大半桶的藤壶掉入海中颗粒无存，身上也留下了永久的印记——左腿膝盖狠狠磕在藤壶壳上，伤口深可见骨，鲜血淋漓。圆孔形伤疤至今清晰。

　　对绝大多数人来说，藤壶是难得的美食，清水氽汤就能做出惊人的滋味。岛上有谁没吃过藤壶，或是不喜爱藤壶的鲜美呢？古人说"烹煮腌醉皆宜"。海岛人吃藤壶方法很简单，清水加藤壶，烧开就行，撒点盐、撒点葱花，其味鲜美可口。

　　藤壶炒鸡蛋也是相当鲜美。逢年过节，母亲总会称上半斤，炒来打打牙祭。听说一些小岛上，有将藤壶盐腌酒糟的吃法，想来必定美味，只是无缘品尝，稍有遗憾。

胭脂盏，令我岛上增颜色

有外地的朋友初次上岛，请他在夜排档吃饭。朋友是位吃货，又难得来一趟，当日的菜肴自然以时令海鲜为主。品尝过螃蟹、大虾后，向朋友推荐胭脂盏汤。朋友不解：小小的贝壳，有啥吃头？没想到，在吐出一堆壳后，朋友反复赞叹："这胭脂盏不仅味道鲜，连名字也美，北朝民歌'失我焉支（胭脂）山，令我妇女无颜色'，胭脂盏当令岛上妇女增颜色啊。"朋友反复念叨，说以后找机会还要来喝胭脂盏汤。

尽管不像舟山带鱼、大黄鱼那样曝光频频，名声响亮，一道胭脂盏汤在岛上却也拥有无数的粉丝，而且还征服了一众老饕挑剔的味蕾。一枚枚小巧玲珑的胭脂盏，经过一番猛火热油的翻滚，淬炼出让人欲罢不能的鲜美，有句广告词说"小身材，大味道"，用来形容胭脂盏再合适不过。

在海岛民间，人们热衷于一种称为"弄汰横"[①]的活动，这项活动在别处又称作"赶海"，兼具生产和娱乐的功能。每逢大潮汛，海水退落到远处的岛屿根部，大片裸露的黝黑色的礁石和滩涂、沙滩，成了人们尽显身手的舞台。妇女、

---

① 弄汰横，在潮间带从事捡螺拾贝等活动，即为赶小海。

老翁、顽童，是这方天地的主角，打蛎黄、铲触嘴、挖毛娘、捡螺……一个个涉水攀岩，身手敏捷。

当前，尽管物产不如早前丰富，"弄汏横"回来，收获还是颇为可观，要么是一篮黄螺，要么是半桶蛎黄，但要铲来如许的胭脂盏却是极不容易的。

在人们眼里，胭脂盏是一种鲜美无比的海洋小生物。它仅比指甲盖略微大些，一片斗笠状的薄壳，精美纤巧，极像古代妇女用来盛装脂粉的胭脂盏，于是，人们便赋予它这个极为香艳的名字。薄壳下覆盖着扁圆形的贝肉，如一枚紫色的蚕豆，小小的贝肉却蕴含了惊人的鲜美。别看胭脂盏壳薄得近乎透明，仿佛经不起一根纤指的碾压，事实上它异常结实，据说能抵抗 300 千克的压力。当胭脂盏在石壁间活动时，头和足都伸出壳外，一旦遇到危险就会迅速缩回壳内，借助结实的贝壳来抵挡敌人的进攻，仿佛一座移动的城堡。人们看胭脂盏像是行走在石壁上的小足，故又有"壁足"之名。

以前很多次，想趁着胭脂盏缓慢移动时来个突然袭击，将它从石壁上撮取下来，但每次都铩羽而归。胭脂盏以贝肉吸附在岩壁上，力量惊人，就算是大力士，也会毫无办法。强攻不行，那就智取，海岛人有的是智慧，用带薄刃的触榔头顺着石壁一铲，胭脂盏便乖乖投降了。

在嵊山岛，人们多称胭脂盏为"小鲍鱼"，其形体与鲍鱼的确有几分相似之处，而且肉质坚挺鲜美，丝毫不亚于鲍鱼。非要找个缺点的话，就是贝肉小了一些，吃起来少些畅快。鲍鱼作为顶级食材，身价不菲，已入庙堂之高，而胭脂盏处江湖之远，只能作为海上人家的日常菜肴。

在我看来，胭脂盏是一种毫不起眼的海洋贝类。说不起眼，是因为它小巧精致，隐身在岩壁海藻间，没有好眼力根本不能发现它的踪影。另外，胭脂盏似乎是一种被人们遗忘的海洋生物，很少在典籍和文学作品中找到对它的描述。

明代宁波人屠本畯的《闽中海错疏》是少有的记录有胭脂盏的古籍，书中称胭脂盏为"蝛"，让人联想到胭脂盏的学名"嫁蝛"。"蝛生海中，附石。壳如麂蹄。壳在上，肉在下，大者如雀卵。"作为宁波人，屠本畯有在海边生活的经历，从他对胭脂盏的描述中可以推测：他可能见过胭脂盏，或许还亲自领略过它的鲜美呢。

同时，他在书中记载了另外两种与胭脂盏相似的贝类，"老蜯牙，似蝛而味厚。一名牛蹄，以形似之"，"石磷，形如箬笠。壳在上，肉在下"。这两种极有可能是胭脂盏一族的分支旁系，与胭脂盏有着细微的差别。看来这位屠先生极具现代博物学家的素养，能够对此予以辨别、记录，给后人留下几条值得探究的线索。

不过，文字描述终归有些苍白无力，无法直观地了解。古代没有摄影技术，绘画或许是供考察的最佳方法。清人聂璜的《海错图》绘有一种称"铜锅"的贝类，从图像上来看，

铜锣青黄色如铜如锣式故名亦名铜顶其殼半房口
敞而尾尖似螺不篆似蛤不夹内有圆肉一块如目之
有黑睛故閩人又稱為鬼眼甌人稱為神鬼眼或又稱
為龍睛産海岩石上覺人取則吸之甚堅百計不能脱
登高岩者每借為石壁之級以送步善採捕者寂然無
謹率然揭之則應而得矣其肉為羹内有細腸一縷如
線去之糟醉更佳考諸書無其色惟字説有肘字音肘
海蔂名也形似人肘故名令銅鑼顏似人肘或即是歟

铜锣赞

神僧煎海章敕不乾
遺落铜鑼排列沙灘

图1　铜锅（胭脂盏），《海错图》

与胭脂盏极为相似，描绘逼真，细节处皆历历可辨。让人们怀疑，可能聂璜就是对照着胭脂盏来画的。

聂璜在图中附有文字，读来令人坚信所谓"铜锅"就是胭脂盏。"铜锅，青黄色，如铜如锅式，故名，亦名铜顶。其壳半房，口敞而尾尖，似螺不篆，似蛤不夹。内有圆肉一块，如目之有黑睛，故闽人又称为鬼眼，瓯人称为神鬼眼，或又称为龙睛。产海岩石上，觉人取则吸之甚坚，百计不能脱"。

古人终究还是古人，往往喜欢搞一些玄虚的色彩，说胭脂盏可以作攀登岩壁时的借力之用，"登高岩者，每借为石壁之级以送步"。当年"弄汰横"之时，在礁石高岩间攀爬翻越，若是胭脂盏可做台阶用，那倒是能免了好多次磕碰跌跤的痛楚。只是古人的话，又能相信几分呢？

又是一年蟹肥时

天气初肃，西风渐起，又到了舟山本地梭子蟹上市的季节。蛰伏了整整一年的馋虫们早就按捺不住了。

梭子蟹属于螃蟹的一种。两侧有长棘，因外壳略似渔人修补网具的竹梭，故此得名。据《舟山海域海洋生物志》记载，梭子蟹在舟山海域资源最为丰富，是舟山渔业的主打产品。

梭子蟹在舟山可谓家喻户晓，人人啖之。每年秋末至开春的这几个月，每户人家餐桌上用梭子蟹烹制的菜肴是必不可少的。而交际应酬的酒筵上，若少了梭子蟹，不仅主人面上无光，连客人也会觉得兴味索然。就如同"没有到过故宫就没有到过北京"的说法，来舟山没有吃过梭子蟹，就等于没有来过舟山，没有吃过海鲜。梭子蟹似乎可以作为舟山海鲜的代表，在大小黄鱼、墨鱼等相继衰落之后，重新扛起舟山"海鲜之都"的猎猎大旗。

国人吃蟹的历史可以追溯到上古时代，传说第一个吃螃蟹的人是大禹治水时的壮士巴解。为了解决这八足双螯的怪虫对治水工程的侵扰，巴解开渠引沸水来浇灌，却意外地发现了这天大的美味，后人为了感谢，就在这"虫"字上加了一个"解"，怪虫也就有了名字——蟹。

蟹一直是古代王公贵族和文人士大夫的最爱。隋炀帝就极为称许蟹的美味，以为天下第一美食。《清异录》记载："炀帝幸江都，吴中贡糟蟹、糖蟹。每进御，则上旋洁拭壳面，以金镂龙凤花云贴其上。"用金镂的龙凤等图案贴在蟹壳上，也真见这皇帝老儿会花心思，也从一个侧面说明隋炀帝对螃蟹的嗜好程度。

古代文人中不乏螃蟹的狂热追捧者。东坡先生就酷爱食蟹，还戏称自己为"吴兴馋太守"，曾有诗云："堪笑吴兴馋太守，一诗换得两尖团。"宋代诗人徐似道更是夸张地说："不到庐山辜负目，不食螃蟹辜负腹。"简直把螃蟹提到了人生不可不食的高度。

清朝著名文人李渔嗜食螃蟹到了疯狂的程度，时人称其为"蟹仙"。在他的《闲情偶寄》中专门有一节说蟹："独于蟹螯一物，心能嗜之，口能甘之，无论终身一日皆不能忘之。"嗜蟹到了这种境界，真的可以称魔称仙了，而蟹有了这位知己，就算化为齑粉，也是死得心有所甘了。

历代关于蟹的文章诗歌多如繁星，然多则多矣，细细品读，发现所歌所咏的主角都是淡水里的河蟹，和产于海里的梭子蟹没有一点关系。翻遍手头能找到的资料，有关海蟹的诗文，只找到唐朝白居易的一句"陆珍熊掌烂，海味蟹螯咸"和皮日休的《咏蟹》诗，诗云："未游沧海早知名，有骨还从肉上生。莫道无心畏雷电，海龙王处也横行。"这诗写得

图 1 拨棹，《海错图》

图 2 膏蟹，《海错图》

直言磊落，豪气纵横，足见作者襟怀性情，也把海蟹给人性化、英雄化了。

这就颇有点奇怪了，同样是蟹，怎么古人厚此薄彼呢，怎么不为海蟹写点东西呢？静静一忖，恍然大悟。古代交通不发达，那些文人的活动范围大多在内陆中原，估计没有几个到过海边，更别说见过和吃过海蟹了。再说当时的保鲜技术也不能保证能把海蟹鲜活地运送到内陆地区，因此海蟹在古代只能被海边居民所食用。那些文人的笔下也只能写写河蟹了。

由于资源丰富，舟山人吃蟹简直到了奢侈的地步。以前听人说上海人吃大闸蟹，要准备八件特制的小工具，每件工具都有各自的用途——用钳子夹碎大螯，用小锤子敲裂坚硬的骨节，甚至还有如挖耳勺般的，用来把蟹脚最细小处的肉给掏出来一一吃掉。据说他们吃个蟹脚都可以吃上半天，精细程度让人叹为观止，或者说已经上升为一种吃蟹的艺术。

在舟山绝对看不到这种情景，最能体现舟山人性格特征和习俗的是一种俗称“焐蟹”的吃法。先挑出大个鲜活的，清洗后放锅里笼屉内隔水用旺火蒸，待壳成红色后出锅。双手执定蟹脚和壳，稍稍用力就能把蟹壳掰下来，撇去腮肺等不能吃的杂物，再拗成两半，顺手蘸点酱油或醋送入口中一番大嚼。整个动作干脆利落，眨眼间一只硕大生猛的蟹就能变成一堆残渣。老实说，这样吃蟹的感觉非常惬意爽快，但

图 3　蝤蛑，《梅园介谱》

图 4　三眼蟹，《中国海鱼图解》

同时也最为浪费。

而从下饭效果来讲，呛蟹才是舟山人的最爱。呛蟹做法很简单，就是用盐水把蟹泡起来，过一两天即可食用，不过最好选择肉肥膏厚的母蟹，这样做出来的呛蟹肉色晶莹如玉，红膏鲜艳欲滴，看着就能让人食指大动、胃口大开。随便夹一点入口，又香又咸的感觉便会在舌尖弥漫开来，鲜香、咸涩、嫩滑，各种原本矛盾的味道，竟然和谐地融合在一起，喉咙中升腾起的刺激感，只能让人用大口大口的米饭来缓解和掩盖。而不知不觉中，已经吃下了比平时多得多的米饭。

在众多吃法中，我唯独中意也百吃不厌的是蟹糊。顾名思义，蟹糊就是把蟹用刀切碎为糜，加入糖、盐、姜、蒜等调料，稍稍搅拌一小会就可以吃了。每每有新鲜梭子蟹进门时，总会挑出几个鲜活健壮的自己动手来做。我习惯拿刚刚调拌好的蟹糊佐酒下饭，甚至那蟹腿肉还在微弱地跳动，这时心头会掠过一丝丝不忍，但旋即被那诱人的美味所吸引，就再也不管不顾了。

不同于焐蟹或呛蟹，多少会有珍贵的蟹肉被丢弃，而蟹糊最大的好处是几乎没有浪费。蟹身可以食用的部分全都化成浓稠的汤汁。即便是无法下咽的碎壳，因为有了那鲜汁的浸淫也变得经得起咀嚼回味。品一口蟹糊，怎一个鲜字了得。

前些年在外谋生，竟日风雨奔波，就餐都是草草了事，纯属充饥而已。那时心头每每会想起故乡的蟹糊。每次有熟人从故乡返回，托其捎带的包裹里总会有几瓶母亲做的蟹糊。古人季鹰见秋风起而思莼菜羹鲈鱼脍，而蟹糊又何尝不是我的莼鲈之思呢。

近来梭子蟹因产量减少而价格飞涨，已不是我等工薪阶层可轻易染指之物。那些"右手持酒杯，左手持蟹螯"的畅快淋漓的日子似已一去不复返了。

比目箬鳎

青春懵懂之时，读卢照邻《长安古意》诗"得成比目何辞死，愿作鸳鸯不羡仙"，凄婉悱恻，深感震撼。稍长，方知吾乡海中所产箬鳎即比目鱼之一种。箬鳎丑不溜丢，遍体腥涎，竟然与鸳鸯并列为情感之象征，令人大跌眼镜。

尽管形象不佳，但箬鳎味美刺少，是舟山人餐桌上常见的一道海鲜，很受食客推崇。本地有"结结煞煞，端上清蒸箬鳎"的民谚，意思是说，当酒宴快结束时，清蒸箬鳎往往以压轴大菜的地位出场。

本地海中所产箬鳎有数种，乡人多以外形特征为之命名。一种名细鳞箬鳎，鱼鳞细小如沙；一种称粗鳞箬鳎，鱼体如长舌，鱼鳞粗大，体宽如鞋垫，故又称鞋底鱼；另有一种带纹条鳎，体形较大，呈长卵圆形，花纹美观，故名花箬鳎，特别是尾部的一截，锦色斑斓，如孔雀翎眼。这三种箬鳎皆肉膛厚实细腻且味道鲜美，为舟山人所钟爱。

在古人眼里，箬鳎身形侧扁，与包粽子的箬竹叶极为相似，于是又有箬叶鱼之称。宋宝庆《四明志》卷四记载："箬鱼，其形似箬。"明嘉靖《余姚县志》亦云："状类箭箬，细鳞，紫色，即比目鱼。大者盈八九斤。"箭箬即箬竹，叶片宽大，

图 1　比目鱼，《尔雅音图》

可以包裹粽子及制作船篷。过去，本地渔民偶尔会捕获一种称作"大皮梢"的大箬鳎，虽不及八九斤重，但四五斤左右的分量已是非常可观，肉膛足有三四寸厚，吃起来很是带劲。当年父亲的渔船偶有所获，吃过几次，记忆尤深。后来多为餐馆所收购，价格昂贵，不容易吃到，近年更是难见其踪影了。

　　清人倪象占是宁波象山人氏，对海中所产颇为熟悉，他在《蓬山清话》中对箬鳎记载甚详："鳗鳎，似箬叶，有长一二尺者，薄身细鳞，背紫腹白，无鬐鬣，双目聚首，而口横首扁。亦有黄色彪黑文者。水行如缸。以其似人之袜底，故有婢屧、奴屬等名，俗谓小者为箬鳎婢。"舟山与宁波地缘相近，习俗相同，时下舟山人称小箬鳎为箬鳎皮，或许就是源自宁波人所称的箬鳎婢。而箬鳎的婢屧、奴屬等名，皆因箬鳎外形似女鞋而来，与鞋底鱼之称显然出自同一渊源。

箬鳎双目并列于身体一侧，或左或右，这是箬鳎与其他鱼类最大的区别。但在箬鳎幼稚之时，眼睛尚位于身体两侧，成年后才渐渐移向一侧。古人误以为箬鳎每鱼只有一目，须两鱼并合才能游动，如果单独行动，很容易被人捕获。从《吕氏春秋》到《本草纲目》等书都存在这一讹误，甚至在一些古籍中，也画成了双鱼相并而游的情景。

大概是到了清代，人们才明白比目鱼有两只眼睛。清李调元在《然犀志》中就说："比目鱼……两眼并相，一明一暗，亦微分大小。"人们此时大概掌握了一些生物知识，逐渐了解幼鱼与成鱼眼睛的不同，以及在不同生长过程中的变化。如徐珂在《清稗类钞》中就说："比目鱼……其幼鱼两侧各有一眼，游泳如常鱼。渐长，伏于泥沙，眼之位置亦渐移易。故其生育中，必几经变态。种类甚多。"

箬鳎另有王余鱼的别称，据说和越王勾践有关。古人云："比目鱼，东海所出。王余鱼，其身半也。俗云越王鲙鱼未尽，因以残半弃水中为鱼，遂无其一面，故曰王余也。"说当年

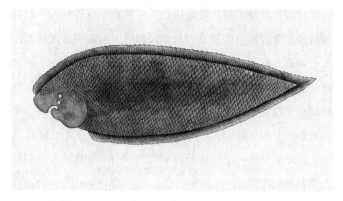

图 2　箬叶鱼（箬鳎），《海错图》

勾践在海上鲙鱼而食，只切了鱼的一边，剩下的那半边则丢弃于海中了。谁知，这半边鱼竟然未死，反而形成了海族中的一个新种类。所谓王余，就是指帝王食后所余之鱼，原来箬鳎出身还蛮高贵。只是这越王勾践十年生聚、十年教训，三千越甲终成一番霸业，但吃鱼只吃半边的奢侈劲儿，与卧薪尝胆时的艰苦已大易其趣了。

　　最玄乎的还是孝子鱼的说法，民国《昆新两县续补合志》卷三云："比目鱼……以其形如箬，谓之箬鱼，又讹为王祥所弃，谓之孝子鱼。"说王祥为母亲做鱼吃，切去鱼体一半后，因不忍心鱼的痛苦挣扎，就将鱼的另一半放回河中，随后变为箬鱼。王祥，即二十四孝故事"卧冰求鲤"中的主角，人家明明求的是鲤鱼，怎么会变成箬鳎鱼呢，看来三人成虎。

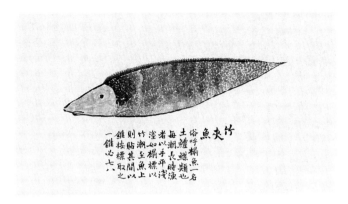

图3　竹夹鱼（箸鳎），《异鱼图》

　　在岛上的餐馆中，一些老板为贪图简便，多将箸鳎写作玉秃，遇到发音不标准的，还会读成玉兔。曾见某家餐馆菜单上，写着红烧玉兔、酱汁玉兔和清蒸玉兔。食客们打趣道：玉兔不在广寒宫里待着，怎么跑到东海小岛来了，又是红烧又是清蒸，不怕嫦娥姐姐伤心么？

　　诸多烹饪方法中，以清蒸最能体现箸鳎的鲜美。一盘素净的清蒸箸鳎，只以姜蒜做些点缀，简单清爽，不事张扬，却很能调动人们的食欲。正如舞台上初试啼声的艺人，怯生生地甫一开口便响遏行云，足以令全场震惊。

　　红烧则以上斤两的"大皮梢"为好，剁成小块，猛火热油，烧得汤汁浓稠，骨酥肉烂。趁热最宜下酒。

　　普通人家，多在秋冬季节买些小箸鳎做日常下饭。小箸

图 4　金星挞沙（著鳎），《中国海鱼图解》

鳎刮鳞是件麻烦事，一些人为图方便，索性将箬鳎剥了皮，在我看来，这与暴殄天物的呆子何异？要知道箬鳎少了皮，就如刀鱼没了鳞，滋味不知要减了多少。有经验的食客会将小箬鳎装入塑料网袋中，反复揉搓、冲洗，去鳞效果竟然奇佳。过去，岛上还没有冰箱，人们将红烧小箬鳎一盘盘地排到碗橱里，待其汤汁凝结成冻，可供好几天食用。有朋友说起当年最喜欢吃红烧小箬鳎，爽滑的鱼冻滋味令他至今怀念。

岛上一直有晒小箬鳎鲞的传统，小箬鳎鲞下酒称得上一绝。去鳞洗净，一条条晾在竹笠子上，西北风一吹，大半天下来就干得差不多了。如不嫌麻烦，还可依着自己的口味用酱油、辣椒等调料腌渍。当冒着热气的小箬鳎鲞一出锅，香喷喷的味道，隔着老远就飘过来，让人大流涎水，恨不得立马啃上两条。

丑陋的鮟鱇鱼

岛上百姓有种说法：陆地上有什么，海里就有什么。仔细思忖，确实有些道理，在海里总能找到陆上动物的影子，比如海狮、海象、海豹、海蛇；再比如，陆地上有癞蛤蟆，海里有海蛤蟆。

海蛤蟆，只是它众多名号之一，官方的名字，叫作鮟鱇鱼，还有诸如华脐、琵琶鱼、老婆鱼、绶鱼、老头鱼、三脚蟾等一大堆五花八门的名字。

宋代宝庆《四明志》卷四《叙产》云："华脐鱼，一名老婆鱼，一名寿鱼，'寿'一作'绶'，腹有带如帔，子生附其上，或云名绶者以此。"鮟鱇鱼产卵时，腹下垂下一条带子，卵粒黏附在带子上。卵带在水里飘飘若舞，仿佛古代仕女的衣带，于是就有了"绶鱼"之称。有时，鮟鱇鱼腹内能抽出几丈长的卵带，这可是绝好的下酒菜，漂洗干净，一条条挂在院子的晾衣绳上，远远看去，就像谁家小媳妇晒的长筒袜。

鮟鱇鱼头大身小，长满尖牙的巨口可以吞下整个身体，身上遍布凸起的肉疙瘩，皮肤上满是恶心的黏液，简直就是癞蛤蟆的化身，丑陋无比。清人李调元在《然犀志》中称其

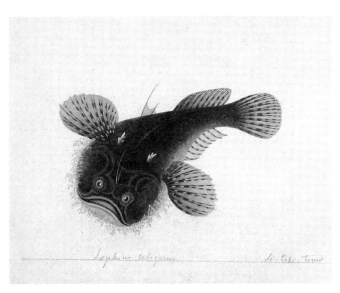

图 1 鮟鱇鱼，《中国海鱼图解》

图 2　三足蟾蜍，《点石斋画报》

为"三脚蟾"："形如蝌斗而扁，合左右两翅视之，俨如三足蟾蜍，故名。口大有齿，细如针，密如毳，下腭长于上唇。"鲛鳙鱼左右两翅，加上尾巴，的确像足了三条腿的蛤蟆。人们劝感情受挫的女人时，往往会说：三条腿的蛤蟆难找，两条腿的男人到处都是。其实，三条腿的蛤蟆并不难找，海里就有。

话说回来，三脚蟾的名字，极不雅。还是古代的文人富有想象力，想出了诸如琵琶鱼之类比较风雅的名字。南朝人沈怀远《南越志》曰："琵琶鱼，无鳞，长二尺，形似琵琶，故因以为名。"如果单从外形来看，鲛鳙鱼头大尾细，与乐器琵琶倒也有几分相似，而且在明人杨慎眼里，鲛鳙鱼的叫声堪称动听。他在《异鱼图赞》中说："海鱼无鳞，形类琵琶。一名乐鱼，其鸣孔佳。闻音出听，曾识匏巴。"匏巴为春秋战国时期楚国著名琴师、音乐家，鲛鳙鱼的鸣叫声能与其相提并论，足见此鱼不简单，真称得上海底世界的歌唱家。可是，鲛鳙鱼深居海底，杨慎如何能聆听它动人的歌喉，这恐怕是个难解的谜了。

最奇怪的要数南朝任昉《述异记》了，书中把鲛鳙鱼称为剑鱼："海鱼千岁为剑鱼，一名琵琶鱼。形如琵琶而善鸣，因以名焉。"任昉书中多记稀奇古怪之事，如"虎鱼老则为鲛""淮水中黄雀至秋化为蛤，春复为黄雀，雀五百年化为蜃蛤"。按任昉所说，这鲛鳙鱼乃千岁海鱼所化——原来我们吃的是千年鱼精啊。

别看鮟鱇鱼长得丑，人家可是个高智商的捕猎能手，用的招数就是"诱敌深入，聚而歼之"。晚清博物家方旭《虫荟》中载："海中有海虾蟆，与石同色，饿时即入石穴中，于鼻内吐一红线，如小蚯蚓，以饵小鱼。众小鱼争食之，皆为所吞。"所谓的"海虾蟆"就是"海蛤蟆"，它诱敌的方式是"于鼻内吐一红线"，小鱼们见红线后纷拥而至，随即遭鮟鱇鱼巨口所吞。其实，鮟鱇鱼鼻内并没有什么红线，只是在头顶有长长的鳍刺，仿佛姜太公垂钓的鱼竿。鱼竿顶端会发出光，吸引着一众趋光的小鱼虾上钩，鮟鱇鱼只需伺机而动。

在海岛，食用鮟鱇鱼也是近二三十年的事，渔民们之前似乎并未发现鮟鱇鱼的鲜美。大概是由于过去海产丰富，谁也不会注意到丑陋的它。随着资源的衰竭，加上大量出口日本，引发了人们对鮟鱇鱼的关注。据说，鮟鱇鱼在日本十分流行，有"西河豚，东鮟鱇"的说法，说的便是关西的河豚和关东的鮟鱇鱼。

鮟鱇鱼以冬天所产为佳，肥壮多肉，红烧、炖煮咸齑，无不适宜。一些人家喜欢扒皮去头，纯以白花花的肉红烧，虽称鲜美，但多食总归生腻。在我看来，鮟鱇鱼全身没有可丢弃之处，鱼皮嫩滑，鱼头硕大，软骨间所附的筋肉比鱼身肉更有嚼头，鱼肉、鱼皮、鱼头，三者同煮，远胜鱼肉百倍。

前几年，与几位友人在义乌佛堂镇上就餐。多日未食海

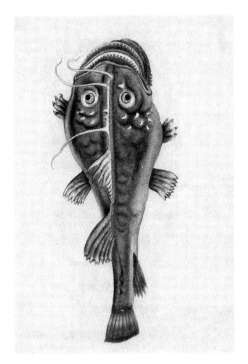

图 3　鮟鱇鱼，《海怪图记》

鲜，口中寡淡无味，见菜单上有红烧蛤蟆，以为是鲛鳒鱼，忙让老板烧来一盘。上桌后发现原来是红烧癞蛤蟆，四五人齐齐掷筷，大呼上当。

咸齑与鲛鳒鱼同煮，为海岛民间常见菜式，别有一番境界。咸齑真是个好东西，用它吊鲜效果倍增，堪称海鲜试金石。白嫩嫩的鱼肉夹杂在绿盎盎的咸齑菜中，看着就赏心悦目。

其实，讲究的老食客推崇的还是鲛鳒鱼肝，据说营养价值极高，与鹅肝有得一拼，真假暂且不论，它的美味却是实打实的。鲛鳒鱼肝入口细腻滑嫩，清香扑鼻，而又完全没有海洋鱼类的腥味。日式料理有道"凉拌鲛鳒鱼肝"，做法简单，只是将"鲛鳒鱼肝"蒸熟后加佐料凉拌，相当受欢迎。还有将"鲛鳒鱼肝"加洋葱香煎的做法，想来也是好吃的。

岛上渔家的做法当然没那么精细，但也不失天然和纯粹。只是，鲛鳒鱼肝多吃会显油腻，岛上一般与咸齑同煮，以除油去腻。一次，买了条十多斤的鲛鳒鱼，宰杀后，从肚里掏出两块手掌大的鱼肝，连忙趁新鲜红烧。一时贪吃，一个人就着啤酒消灭了大半碗，结果半夜肚疼难忍，辗转一宿未眠，从此再也不敢多吃。

海鳗的美与恶

江浙海中产一种鳗鱼，狗头蛇身，民间习称为"狗鳗"或"狗头鳗"。狗鳗性格凶猛，富有攻击性，且口中利牙密布，令人望而生畏。然而，正是这种身上有着湿滑黏液的海鳗，却是海岛人热衷的美味。

海岛人认为，海鳗越大越好吃。斤把大小的可加姜、蒜、老抽、黄酒红烧，或以盐腌，无不适宜。烤梅干菜则以两三斤为宜，更是风味绝佳。另有一种粗逾成人手臂，足有一人高的海鳗，可切成寸余薄段，以海盐腌透，大锅猛火蒸出，肉质细嫩丰满，鲜咸合一，为下饭绝品。特别是腹部的一截，鲜软嫩滑，入口即化，往往令识味者抢先下箸。

年终岁末，岛上刮起了寒彻肌骨的西北风，寒冷干燥的环境，正是晾晒风鳗的好时机。风鳗，古已有之，宋宝庆《四明志》云："冬晴鲞之，名风鳗。""鲞"可作"晾晒、干制"解，看来风鳗的制作工艺，传承千年不变。风鳗流行于沪、甬、舟等地，颇受百姓欢迎，民间至今尚有"新风鳗鲞味胜鸡"的俗谚。

入冬以后，海鳗的身体里积攒了厚厚的脂肪准备过冬，这是它们最为肥嫩的时节。海岛人在千百年的生活中，深知

图 1　门鳝（海鳗），《中国海鱼图解》

海鳗的这种习性，于是制作风鳗成了过年前的经典项目。

当远洋的渔船喷吐着黑烟拢洋靠岸时，一箱箱壮硕新鲜的海鳗被抛甩上码头，一帮等候多时的大叔大妈们开始了一场别样的战争。你要这箱，她要那箱，谁都不愿自己心仪的鱼货落入别人之手，于是口角声嘈杂响起。争夺的硝烟散去后，大家或挑或提地带着战利品各自回家，去继续一场刀功技艺的表演。

制作风鳗，原料的选择尤为重要，个大肥壮自然不用说，还要保证绝对的新鲜度。身上包裹着一层滑腻的黏液，表皮散发出青黑色的光泽，这才是足够新鲜的海鳗。风鳗的制作工序非常简单，只需剖杀清洗一番，再用细绳穿过鳗鱼的尖嘴悬挂起来就可以。

旧时海岛上的民居多为低矮的瓦房，屋顶延伸下来的屋檐，成了挂晾风鳗的绝佳场所。屋檐挡住了雨水的侵袭，在透风的同时也减少了阳光的直晒。鳗鱼体内多脂，阳光直晒会使鱼的内部分泌出油分，食用时有股"漆蒿蒿"①的怪味。而淋了雨水，除了有变质之虞，口味自然也不佳。

冬天里，海岛渔家的屋檐下总会有一溜悬挂着的风鳗，如同一层鱼的帘幕。西北风的劲吹下，风鳗一天天成形，透发出引人涎水的腥香味。村落里的野猫们开始躁动起来，"喵

---

① 漆蒿蒿，当地方言，指鱼鳖经久晒，分泌油脂，入口有种怪味。

喵"地呼唤着同伴，游荡于人家的屋前窗下。这个时候，渔村的孩童都已放假，看管这些食物免入猫口是他们的职责。可不管屋檐多高、孩童们的看管多严实，猫们总归有着它们的方法，或从窗台或借助桌椅迅捷地跃上屋檐，一转眼，已经叼着战利品逃之夭夭。望着残留的一小截鱼头，孩童们只能无奈地咒骂几句，接下来将是父母对他们的责备。

每天看着悬挂在屋檐下的诱惑，估计没几个人能够控制住涌泛上来的馋念。于是切上几片风鳗，倒上些酱油，趁烧饭时放进锅里蒸，再温上一壶老酒。在屋外西北风的呼啸声中，啜一口醇厚的老酒，夹一块鲜香的鱼肉，咀嚼品咂间，满满都是年节的滋味。

海鳗美味，但得之不易，渔人们需要付出辛劳，甚至是生命的代价。

世间万物纷纭，各具秉性，善恶美丑，泾渭分明，海鳗可算是天性凶恶一族的代表。即便长不过盈尺的小海鳗，咬起人来也丝毫不含糊，利牙可轻松穿透渔民的胶靴和手套，让手脚伤痕累累，鲜血淋漓。海鳗具有极强的生命力，出水后仍能存活几个钟头，一些渔民偶有疏忽，便会遭其利牙噬咬。

正是这种凶恶的本性和类似于蛇的身躯，在古人眼中，海鳗完全是令人惊怖的海怪形象。《然犀志》记录有一种狗头鳗"枪嘴锯齿，遇人能斗，往往随潮陟山"。人们为消除

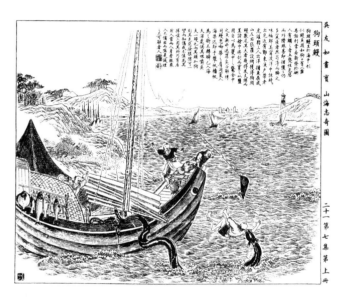

图 2　狗头鳗，《吴友如画宝》

狗头鳗的威胁，以其身体遍布黏液的特点，想出了对付的方法："布灰于路，体沾灰则涩不能行，乃击杀之。"

近人吴友如善绘画，作有一幅《狗头鳗》，图中画一渔船；海中有一蛇形怪物，口衔一人。船上数人，或手持竹撩盆，或做惊呼状。从图中题记可知事情原委。宁波渔民柴老虎，雇佣三人出海捕鱼。在嵊泗列岛最东的嵊山海域捕获几条狗头鳗，其中大的几乎近一丈长。准备将狗头鳗剖制盐腌，大狗头鳗突然跃起，咬住柴老虎的肩头，将其拖入海中。众人来不及施救，眼睁睁看着柴老虎罹难。

清人徐承烈《听雨轩笔记》中有鳗故事一则，或许为吴友如《狗头鳗》出处："宁波定海县有数人出海捕鱼，偶获一鳗，长几及丈，举而置之舱中。鳗昂首蜿蜒不已，一人以木槌连击其首，遂晕绝不复动。逾时始苏，两目直视其人者久之。忽卒然跃起，衔其手而牵之，奋身入海去。同伴棹舟亟救，但见血水一道，浮于海面而已。"

海鳗能杀人，在海岛上亦曾听闻。说是某年，有渔船在东海外捕获巨鳗，因担心巨鳗伤人，一渔民举斧砍断鳗头。哪料鳗头竟然跃起，张嘴咬住渔民咽喉，等众人七手八脚除去鳗头，渔民已不幸遇难。

沉痛的故事背后，是渔民们海上生涯的艰辛和不易。人们往往只知道海错的鲜美，可又有谁能体会得到范仲淹诗中"君看一叶舟，出没风波里"的辛酸。

濑尿的虾蛄

周星驰有部叫《食神》的片子讲到了流行于香港的名小吃"撒尿牛丸"。片中江湖大哥吃到牛丸后，大赞"清新脱俗"，披上纱巾在沙滩奔跑起舞的销魂场景，至今深入人心。

牛丸为何会有"撒尿"如此奇葩的名字，皆因原料中除了牛肉，还有制作馅料的"濑尿虾"。广东、香港一带因濑尿虾被捕捉时腹部会射出一股水来，如同"濑尿"，于是就以此来称呼了。过去，嵊泗列岛的一些老辈人多称虾蛄为"撒水泊"，就是根据其"濑尿"的特性来命名的。

濑尿虾，一般称作虾蛄，北方人称皮皮虾，又有称作琵琶虾、虾耙子、爬虾、蜈蚣虾、螳螂虾的，每个地方称谓各不相同。在吾乡嵊泗则多称为"虾蒲弹"，刚捕捉的"虾蒲弹"身体一拱一跳，用个"弹"字的确十分形象。与泗礁山一水之隔的黄龙岛人给它多加个虫字，称"虾蒲弹虫"。最奇怪的叫法是富贵虾，想不明白，量多且价廉的虾蛄怎么会扯上"富贵"二字。

黄龙岛近洋张网业繁盛，素来多产虾蛄，除去食用、销售，黄龙人将挑拣后剩余的"虾蒲弹虫"晒制成鱼粉，卖到外地。前两年，我带央视的摄制组上岛拍纪录片，年轻的女导演踏

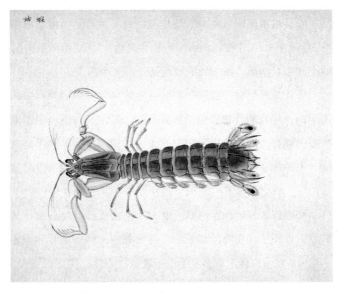

图1 虾蛄,《中国海鱼图解》

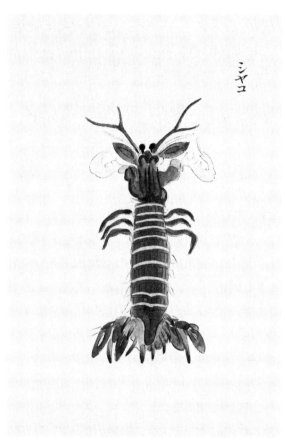

シヤコ

图 2 虾蛄，《尼崎图上·尼崎鱼谱》

上渡船码头惊呼道：这么多的皮皮虾。她脚下正是晾晒着准备制鱼粉的"虾蒲弹虫"，从码头一直延伸到远处的沿海公路。女导演连忙拍照晒朋友圈，并戏称，这些皮皮虾拿到北京，起码能换一套四环内的豪宅，黄龙人却用来做鱼粉，真正奢侈到不行。

不管是"濑尿虾""撒水泊"，还是"虾蒲弹"，都不是很雅观的名字，清代施鸿保在《闽杂记》中记载的"琴虾"一名倒是风雅得很："虾姑，虾目蟹足，状如蜈蚣，背青腹白，足在腹下，大者长及尺，小者二三寸，喜食虾，故又名虾鬼，或曰虾魁。其形如琴，故连江、福清人称为琴虾。"古人将琴列为文房雅物，置于棋书画之首，虾蛄以形似而得此雅名。

但清代郭柏苍《海错百一录》记载的却是另一回事，说琴虾之名是因虾蛄"其足善弹"而得："虾姑，一名管虾，以其足善弹，又名琴虾。"虾蛄一旦离水，身上的半足、尾肢等齐齐舞动，岂止"善弹"，简直是手舞足蹈了。

这两种清人的说法各有道理，很难说哪一种的可信度更高，反正虾蛄有了"琴虾"这一文艺范的、让整个海族羡慕的佳名，足以令它名垂史册了。

虾蛄以冬末春初所产为佳，福建沿海有"正月虾蛄二月蟹"之说。此时的虾蛄体肥肉满，丰腴异常，连两条前肢"螳螂臂"也满满当当撑足了肉，特别是背脊上的一条膏，隔着甲壳透出鲜红来，看得人涎水流。

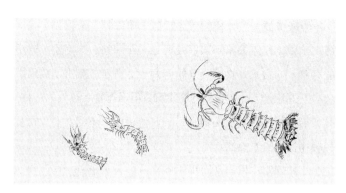

图3　虾蛄，《海错图》

　　早前海产丰富，虾蛄是不起眼的小角色，上不了台面，只能做解馋的零食或就泡饭的小菜。渔村有种奇怪的乡俗，逢年过节，家中祭祖供神做羹饭，虾蛄这道菜是不能上的，个中有什么讲究，问了很多人都答不上来。但随着近些年海洋资源的衰退，虾蛄身价大涨，成为宴席中的大菜，一盘椒盐虾蛄上桌，总会在顷刻间被争抢一空。

　　在岛上的日常饮食中，虾蛄一般以盐水呛为主。舀一瓢水，拌几把盐，呛过一晚，正好第二天早晨过泡饭。扭去头、扒开壳，滴着卤水的虾肉，入口鲜咸适宜，伴着泡饭下肚，那种舒适无以言表。另有升级版的呛虾蛄做法：用剪刀将虾蛄剪成小段，加入盐、酒、味精等搅拌均匀，一两小时后即可食用，比纯粹用盐水呛更多了几分滋味。

用来侑酒，煮虾蛄的效果远胜于呛虾蛄。记得二十来岁时，一帮小兄弟拥来呼去四处游荡，张家宿、李家食，时常能就着一面盆煮虾蛄消灭几箱啤酒。近些年，染上了痛风之疾，医生叮嘱不能多吃甲壳类海鲜，但面对冒着热气的虾蛄，有谁能按捺住升腾起的馋念？那时候，吃与不吃在心里反复纠缠撕扯，着实煎熬。

虾蛄好吃，但一身盔甲，剥壳是件麻烦事，一些不得法的外地人经常被扎得哇哇叫。有经验的食客用根筷子，从虾蛄的尾部穿入，就能变戏法似的扒出整条虾肉来。还有用几根手指在虾蛄上捏捏扭扭，就能把壳整片掀下来的，让人瞠目称绝。

一些渔民会挑个大肥壮的，煮熟后晾晒在船甲板上，凛冽的西北风一吹，汪洋里无遮无挡的太阳一晒，两三天工夫就干透了，收在蛇皮袋里，很久都不会坏。海上飘泊的日子里，劳作之余掏出一把来下酒，或是解馋打发时光，十分适宜。

曾在嵊山吃过扒了壳的虾蛄干，当地厂家将虾蛄去壳，蒸熟后烘干，一条条硬硬地装在小罐里，吃起来倒是省事，但没有了去头扒壳的过程，也就少了很多趣味。

那些虾

在渔民的想象里，海洋世界维持着某种神秘的秩序，老大自然是龙王，龟丞相、鲨元帅、蟹将军，以及难以计数的虾兵，是这一体系的基本构成。俗话说"虾兵蟹将"，我时常幻想着海族出征的情形，虾兵们簇拥蟹将军，如同大群士兵跟着坦克冲锋，场面滑稽，让人发噱。

虾，可能是海族中最常见、最普通的，从深海大洋，到海岸浅滩，乃至礁石旮旯，几乎无处不在。嵊山、枸杞等地有种拖虾船，专门赴外海从事海虾的捕捞，每回拢洋归来，装满虾的鱼筐能在码头上叠成一座山。那几日菜场里的虾既便宜又新鲜，可狠狠地打一番牙祭。

以前到海边弄"汰横"，抛几张圆筛状的小网到礁石下的水窝里，能网来凶恶的黄甲蟹、莽撞的沙鳗和虎头鱼，最多的就是石洞虾了。这种虾似乎只在礁石缝里才有，须长色青，很是灵活。收网时得眼疾手快，网一离水，它们就机警地弹动身躯，像是蹦床上腾跃的运动员，往往三两下就能脱离网的束缚，逃入海水中。一天下来，弄个两大盘不成问题，一盘加些盐烤了，一盘用酱油呛，下饭极佳。那时候性子顽劣，常与同伴比吃生鱼生虾，吃过不少活石洞虾，拈着虾头咬下

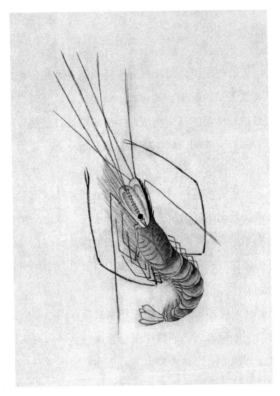

图 1　虾，《金石昆虫草木状》

一截来，鲜甜无比。

有一年，海上白枪虾旺发，连带着礁石丛里也能网来不少，一二十只就盛满一盘。那段时间，岛上的少年倾巢而出，拎网提桶，好不热闹。可惜好景不长，短短两三个月后，白枪虾显出颓势，随后踪影全无。此后多年，白枪虾再也没有出现在我的小网中。究竟是龙王爷大发慷慨，打开了鱼库之门，还是海洋环境出现特殊情况，导致白枪虾向海岸聚拢，至今想不明白。

海岛民间叙事中，虾大多以精怪的形象出现：渔船行驶在海上，忽地风雨大作，海面上耸立起粗壮如桅杆的虾须，渔民们知道是虾精，连忙磕头祷告，祈求饶命。曾在清代郝懿行《记海错》中见过相似的记载："余闻榜人言，船行海中，或见列桅如林，横碧若山，舟子渔人动色攒眉，相戒勿前。碧乃虾背，桅即虾须矣。"

以前听人讲起，岛旁的鸡门水道中蛰伏有老虾精，每遇台风天，会发出呜呜的吼叫，两条虾须掠出水来，搅得天地昏暗、波涛翻滚。夏夜幽暗的庭院中，听长辈讲这些稀奇古怪的事，一回头，庭树枝叶在墙壁投下斑驳的光影，像极了故事中的虾精，须爪耸动，唬得人心里发毛，连忙把板凳移向光亮处。

在古人的记载中，海虾可成精成怪，充满着灵异的色彩，虽大多属于无稽之谈，但作为消遣也蛮有趣。还有将海虾描述成巨大无比的，足以令今人瞠目称奇。唐人刘恂《岭表录异》记其亲身经历云："余尝登海舸，忽见窗版悬二巨虾壳，头尾钳足俱全，各七八尺，首占其一分，嘴尖如锋刃。嘴上有须如红筋，各长二三尺。前双脚有钳，云以此捉食，钳粗如人大指，长三尺余。"日常食用的虾，大多如手指般粗，即便是长得巨无霸般的大龙虾，也就几斤上下，刘恂所见之虾，大约有数十斤重。这种体量的虾，的确可以称精了。

唐代《北户录》中记有三国时广州刺史滕循的一则逸事："或语循：虾须长一丈，循不信，其人后故至东海，取须长四丈四尺，封以示循，方乃服也。"一丈长的虾须，滕循当然不信，四丈四尺的虾须，更让人错愕，与《记海错》所述桅杆相比，几乎不分轩轾了。

古代文人善作夸张之语，往往一成事实，九成水分，演绎得云里雾里，让人难辨真伪。千年之前，海洋环境优良，少人捕捉，海虾或许能长到极大，但不至于相差如此悬殊。古人诚欺我也。

海中虾类品种繁多，据说浙东海域多达四五十种，日常餐桌所见，亦不下十余种，宋宝庆《四明志》就记有"赤、白、青、黄、斑"等多种海虾。

海边生长的，或多或少，总归吃过一些虾。

"红丝头"，学名葛氏长臂虾，须极长，色泽温润如玉，微黄，有棕红斑纹，看着就赏心悦目。煮熟后的"红丝头"

肉韧味鲜，红艳艳的很受百姓追捧。每年春节前后，每斤高达一二百元的价格仍然不能阻碍人们的热情。很多人家，年三十的宴席上，"红丝头"是必不可少的。正月初二女儿女婿回娘家，一盘"红丝头"更是衡量丈母娘热情与否的试金石。

一些人喜欢用鲜酱油呛"红丝头"，剁些辣椒、姜、蒜进去，稍加搅拌便可食用，吃的就是股鲜活味。

黄龙岛上有名产"金钩虾米"，大多是由"红丝头"晒干去壳而成，鲜润饱满，赤色如金，行销沿海诸省，享有盛誉。"金钩虾米"吃法多样，可炒可烩可凉拌，用来炒蛋、拌黄瓜、煮冬瓜，无不增味提鲜，令人叫绝。

在我看来，呛虾还是"大脚黄蜂"最为适宜。"大脚黄蜂"有个堂皇的大名——中华管鞭虾，长得头大体壮，像个红甲武士。与"红丝头"的精致细巧相比，"大脚黄蜂"显得有些粗枝大叶，不修边幅。"大脚黄蜂"宜用盐水来呛，两三小时便已入味，撇去头壳，赤条条地丢入口中，吃起来极为爽快。不像"红丝头"，壳与肉粘连紧密，鲜则鲜矣，只是咀嚼后满嘴尽是壳渣。

竹节虾，又称斑节虾，体有彩斑，一节节如翠竹，极为养眼。《清稗类钞》云："斑节虾，长六七寸……体色常有青红黄褐等斑，故名。"宋时，宁波奉化双屿的斑节虾已相当出名。竹节虾肉质紧实有韧劲，有愈嚼愈鲜之感，可烹成油爆大虾，很受小朋友的欢迎。

图2 大红虾，《海错图》

图 3　红虾、紫虾、白虾，《海错图》

图 4 大头虾，《中国海鱼图解》

　　小时候吃过对虾，足有手掌大，吃起来很带劲，一两只落肚，就吃不下饭了。渔民捕获对虾，多将之两两配成双，能卖个好价钱。《记海错》云："海中有虾，长尺许，大如小儿臂。渔者网得之，俾两两而合，日干或腌渍，货之，谓为对虾。"原先以为，对虾也是双宿双飞的伴侣，与鸳鸯、比翼鸟、比目鱼都是坚贞情感的象征，后来才明白是渔民的"拉郎配"，无意间制造了美丽的误会。

记忆最深的还是"糯米饭虾"。有时候真是钦佩渔民的想象力，他们竟然能把这种小虾与糯米饭联系到一起，不过话说回来，一堆白净的虾与摊开的糯米饭何其相似，抑或在渔民眼里，那些虾便是一家人的口中之食，称之为"糯米饭虾"再恰当不过。

古人说这种虾"梅雨时有之"，于是便赋予其极文雅的名字——梅虾。胡世安《异鱼图赞补》卷下云："梅虾，数千万尾不及斤，五六月间生，一日可满数十舟，色白可爱。"梅虾，即中国毛虾，纤细柔弱。经烈日暴晒制成虾皮，为饮馔名品，无论用来泡紫菜汤，或是炒鸡蛋，都予人耳目一新的感受。

早前，父亲与人合股，打了一条 24 匹马力的船，从事近洋张网，主要的渔获便是"糯米饭虾"。张网作业，全家都是劳力，已经十多岁的我，开始帮着做些力所能及的事，清洗挑拣、挑担售卖、设摊、晒虾皮……

那些装满"糯米饭虾"的担子，重得像座山，压得我步履踉跄，东倒西歪。咬着牙，一天天挨下来，直到脚力稳健，迅疾如风。

"糯米饭虾"让我明白，这就是生活的况味。

玉带鱼鲜唤客尝

海中水族，缤纷庞杂，浙东海域所产知名者多达数百种。早前的人们多以形态为之命名，如狗头鳗、虎头鱼、镜鱼、龙头鱼等等，带鱼亦属此类。

明代屠本畯《闽中海错疏》中云："带身薄而长，其形如带。"《物鉴》亦云："带鱼形纤长似带。"带鱼体长色白，"修若练带"，因此称之为带鱼再合适不过。甚至有文人为其演绎出神话传说来，据明代胡世安《异鱼赞闰集》载："或云西王母渡东海，侍女飞瑶腰带为大风所飘，化此鱼。"据此说带鱼是王母娘娘的侍女腰带所化，这带鱼是否也沾染有仙气呢？

带鱼别名甚多，《清稗类钞》中称"裙带鱼"，较侍女腰带所化更为香艳。更有好事者，演绎出了"杨妃带"，将带鱼与杨贵妃扯上了关系，让人绮思连绵，心生遐想。行文至此，脑中灵光一现——如果在店肆中高呼：店家，来盘"杨妃带"，会是何种情景？

与其将带鱼同柔柔弱弱的女性牵扯在一起，还不如回归其银光锃亮的原始形象。清人宋琬说："带鱼……色莹白如银，爝爝有光彩，若刀剑之初淬者然，故又谓之银刀。"的确，

图1 带鱼,《中国海鱼图解》

一柄闪着寒光、锋利无比的刀才符合带鱼满口獠牙、凶恶残忍的本性。

宋琬可不管带鱼有多凶恶，他只管吟诗讽咏："银花烂漫委筠筐，锦带吴钩总擅场。千载专诸留侠骨，至今匕箸尚飞霜。"在他眼里，带鱼岂止是普通的银刀，分明是专诸刺吴王僚的鱼肠剑。千载侠骨，宝剑飞霜，端的是豪气干云。

要说过去海产里的大宗，恐怕非带鱼莫属。20世纪六七十年代，吾乡嵊泗列岛所产带鱼动辄二三十万吨，几乎占整个浙江带鱼产值的八九成。列岛东部外缘的浪岗、海礁诸岛，皆处于外海汪洋中，是渔民们捕捞带鱼的主要海域。当时渔民中流传有"带鱼两头尖，勿离海礁边。要吃鲜带鱼，还在浪岗西""十月带鱼两头尖，带鱼发在浪岗沿。十万渔民齐奋进，七天七夜在海里"的渔谚。

每年农历小雪至大寒，两个月的时间里，带鱼由北向南，从深海向近海洄游，索饵过冬。这是带鱼最好的时节，脂满肉厚，肥嘟嘟地压手。嵊泗海域聚集了江、浙、闽、鲁等六省二市的上万条渔船，一路追踪着鱼群，从佘山、花鸟、嵊山、泗礁、浪岗、中街山，直至鱼山、大陈渔场。

在我父辈的捕鱼生涯中，每年冬季带鱼汛是他们一辈子的记忆——带鱼汛，鱼发旺，六七天不睡是常态，一结束，人穿着腥咸的雨衣裤倒在船舱板上就能睡着。起网的间隙，

图 2　钓带鱼，舟山博物馆

船上的"伙将囝"①挑几条大带鱼，丢进锅里与米同煮。灶底塞几条浸油柴爿，猛火急攻，浓香四溢，既是菜，又是饭。一些刚下海的十五六岁的半大小伙，在带鱼饭的滋养下，一个冬汛下来，磨砺得魁梧结实、臂膊粗壮，好像浑身有使不完的气力。

带鱼可网捕，亦可钓捕，各有优劣。网捕所获量大，但大小参差不齐，而且鱼身遭网衣磨蹭，卖相不佳；而钓捕则可保无虞，鱼身"锃光斯亮"，不足之处就是获鱼量少。抛开其他，单从品质来说，"钓带"略胜"网带"一筹。

有熟人讲起过钓带鱼的趣事：带鱼性凶恶，往往同类相食，在渔人钓起同类时，带鱼窜上就咬，结果一条接一条，钓起来就是一大串。《本草纲目拾遗》中记载："据渔海人言，此鱼八月中自外洋来，千百成群，在洋中辄衔尾而行，不受网，惟钓斯可得。渔户率以干带鱼一块作饵以钓之，一鱼上钩，则诸鱼皆相衔不断，掣取盈船。"文中夸张的成分很大，但接下来的记载更为离谱："渔人取得其一，则连类而起，不可断绝，至盈舟溢载，始举刀割断，舍去其余。"仅凭一钩，带鱼就能如滔滔江水连绵不绝，这场景估计只有戏法中可见，十足让人惊诧。

---

① 伙将囝，渔船上负责做饭的船员，过去一般由刚下海捕鱼的年轻小伙子担任。

带鱼本身种群丰富，再加上区域环境的不同，也令其有优劣之分。近些年，市场摊档中夹杂有一种"外洋带鱼"，骨架宽大扁薄，光泽黯淡，鱼肉粗粝，简直不能入口。而一班老食客十分清楚"外洋带鱼"与"本地带鱼"的区别，经他们一瞅，橘枳立判，容不得半分假。借用古人的话，就是"橘生淮南则为橘，生于淮北则为枳，叶徒相似，其实味不同，所以然者何？水土异也"。

本地老食客们推崇的是一种产于花鸟山、嵊山海域的带鱼，眼睛小，肉膛厚，吃到嘴里"油噎噎"①，而不远处的外洋带鱼，就没有这种效果了。

近日读郑逸梅先生《瓶笙花影录》，新鲜有趣之余，发现先生亦属吃货一枚，对带鱼情有独钟："予嗜食带鱼，连日进啖，大快朵颐……"郑先生居沪上多年，对带鱼自然再熟悉不过，嗜食带鱼也是稀松平常之事。但郑先生虽为文章妙手，对如何料理带鱼恐怕不及一般的海岛渔妇，文中称"鱼体有黏白之物，不易洗去，可用稻草擦之……"带鱼无鳞，"黏白之物"乃鱼体上的银白，以稻草擦去，自然减损几分带鱼的鲜美，实在有暴殄天物之嫌。

上海人嗜甜，菜肴中多放糖霜，甚至煮青菜白菜也要舀上两勺，否则心有不甘，食亦不甘。沪上有糖醋排骨一味，

---

① 油噎噎，指食物富含脂肪，入口肥嫩适口。

酸香甜糯,可称名菜,但另有糖醋带鱼者,多少令人不快。带鱼尚鲜,糖醋味重,倘若以此二物遮盖带鱼的鲜美,与明珠暗投何异?

父亲生前曾讲过一趣事,当年渔业队进上海卖带鱼,船泊十六铺码头,父亲挑了担带鱼去亲戚家。隔壁邻居们像闻到腥味的猫,一个个探出头来:王家阿姨,侬乡下头亲眷来嘞,哦呦,嘎大个带鱼呀。从父亲的话语中,我眼前浮现出上海胖女人一脸羡慕的神情来。

烹煮海鲜,海岛人最有发言权,带鱼一般以红烧最为常见。过去,每到冬季带鱼汛,母亲经常会做一大锅红烧带鱼,带鱼切段,黄酒、酱油,多加水,大火烧开,小火慢炖,直炖得汤汁浓稠,油香弥漫。随后洒上山葱花,一碗碗地盛出来排在碗橱里。寒冬腊月的天气,汤汁很快凝结成冻,上面还漂浮着星星点点的油花,挑一块入口,鲜香瞬间在舌尖喉头弥漫开来。带鱼冻拌米饭是我年幼时的所爱,舀几勺鱼冻,拌撮葱花,一碗饭吃得畅快淋漓。

清蒸带鱼则更简捷,抹上些盐,撒些姜片、料酒,隔水蒸熟即可。只不过,清蒸带鱼的腥味来得更重一些,免不了有些人入不得口。

"带鱼吃肚皮,闲话讲道理",这是流行于宁波、舟山等地的经典渔谚,别看仅寥寥十个字,但其中凝结了几代人的经验和智慧。带鱼鲜美,肚腹上窄窄的一条,却是精华所在,非老饕和渔家人不能识。某次与友人聚餐，其中一小后生专挑带鱼肚皮下筷，搞得一盘狼藉。

本地有文艺工作者，以带鱼入曲，制成新渔歌《带鱼煮冬菜》，声声唱来，令人口舌生涎，不能自抑。其实，单从菜肴而论，带鱼煮冬菜好则好矣，但还不能称为完美，带鱼煮萝卜才是当季佳馔。

冬至前后，本地种小菜萝卜水嫩上市，咬一口，脆生生的满嘴甜。这时节，街市中手拎萝卜的十有八九是用来煮带鱼的，冷冽的寒冬里，有什么比喝上一碗带鱼萝卜汤更让人舒坦落胃的呢。海里游的和地里长的，两种美食仿佛前世因缘注定般的应时而遇，真是"带鱼萝卜一相逢，便胜却、美味无数"。

带鱼贵在食鲜。曾在浙中某地的菜市场中见有卖带鱼的，鱼体遍覆大片黄色斑点，软软塌塌，哪里有半分银刀的样子。摊主一脸殷勤地叫卖：新鲜带鱼，新鲜带鱼。此情此景，竟让我这个海岛人无言以对，只能嘿嘿一笑，摇头而过。

紫菜的诱惑

　　清晨，迎着熹微的阳光，街头巷角的小吃店里已经聚集了早起的人们。拥挤狭窄的店铺里，顾客们的催促声，店主人的吆喝声，夹杂着锅碗瓢盆的磕碰声。蒸笼的水汽弥漫开来，暖暖地又是喧嚣忙碌的一天。

　　人们对早餐都有自己钟爱的花样和搭配。叫上几样小吃再配一碗紫菜汤，是祖祖辈辈延续的传统，既然已经适应了肠胃，就不会去每天变换品种了。

　　在舟山人的饮食江湖中，紫菜具有超然的地位。不像其他汤羹需要大费周章折腾一番，一撮盐、几段葱，清清爽爽的一碗紫菜汤，方便简单又滋味无穷，在当下紧张的生活节奏中，尤为适宜。如果稍有闲暇，还可切些蛋丝或是放几只熟虾皮，这汤又会呈现出另一种的风情。

　　紫菜汤，看似简单，需要用心才会获得最完美的风味。一些食肆小店，会提前在碗里准备好配料，然后服务员板着脸拿过来往桌上"呼"地一放，随手冲上热水。冷漠的态度加上温吞的水，这汤简直是"食之无味，弃之可惜"的鸡肋。

　　据一些有资历的厨娘讲，要泡出一碗好汤来，紫菜必须要用手撕成碎片，绝不能贪快用剪刀剪。说来也不可思议，

图1 紫菜，《海错图》

图 2　紫菜，《中国药用本草绘本》

图 3　打紫菜，舟山博物馆

二者的滋味的确有些难以表述的差别。冲汤的热水，必须是烧开沸腾的滚水，如此才能把紫菜的鲜美散发出来。有点类似于泡茶，只有用适宜的水温才能泡出一壶好茶。紫菜与茶叶，这两种看似不相干的事物，其深处蕴含的道理却是相同的。

将食物精细化到极致的日本人，日常饮食中有一味叫作寿司的，其实就是用海苔包裹上米饭和其他食材，极其美味，甚至是款待贵宾的上品。所谓的海苔，即是以紫菜为原料加以烘烤而成。在中国处于平民大众化的紫菜，在该国却有着非同一般的待遇。

紫菜美味，不过也会带来小小的麻烦。在吃过紫菜后，最好先照下镜子或者漱漱口，否则路遇熟人开口寒暄，门牙上赫然几片紫菜，那实在有碍观瞻。

临近岁末，菜场周边多了一些卖紫菜的小贩。这些人的怀里或面前的箩筐里，有用透明塑料袋严密包裹着的一摞摞黑褐色呈圆饼状的紫菜。在寒风中哆嗦着的摊贩们，会殷勤地介绍这紫菜是从"下山"①来的，品质如何如何好，让人不忍心拒绝，买上一两饼带回家。

生活在小岛上的人们，大多有过"弄汰横"的经历。在礁石上健步如飞、攀上跃下时，脚底要留意的不仅是锋利的

---

① 下山，指嵊山、枸杞、花鸟等东部偏远小岛。

贝壳尖石，还有那一丛丛湿滑的紫菜。一不留神踩上去，就会摔个金庸小说里的"平沙落雁式"。

近些年，海岛大兴沿海公路，紫菜赖以依附生长的潮间带大量消亡，只剩一些未完全开发的悬水小岛还会有野生状态的紫菜。岛民们带上钢丝耙、竹簸箕走向退潮后的礁石，然后手脚并用将紫菜扒拉进簸箕里，回家后一番挑拣漂洗，再盛入圆形的竹筛晾晒至干，就成了市场上出售的成品。这种方式制成的紫菜坊间称为"打菜"，品质绝佳，只是全靠人工采取，产量不高，价格也较为高昂。

礁岩上丛丛紫菜在一些小生物看来，无异于广袤的森林。诸如一些小海螺、小海蟹之类，都会依附在这样的森林下生存。因此打菜之中多少会有些杂质，不过并不影响品质，反而是野生原始的有力证明。食客们在享用打菜时，不经意间，汤匙里浮起一只小螃蟹来，想想也颇有趣。

记忆中有许多关于紫菜的片段，一幕幕时常会在眼前萦绕。饥馑贫瘠的少年时代，似乎有着与生俱来的馋欲，山野间的各色野果，田头遗落的番薯，都是慰藉"馋虫"的佳品。家里箱柜中储备的紫菜自然逃不过被发现的命运。趁大人不在的空隙，偷偷打开柜门，撕一片送进嘴里，鲜美的滋味瞬间充溢了整个口腔，反复咀嚼，甚至不舍得下咽。

实在抵御不了那味道的诱惑，抱着不会被发现的侥幸心理一次次作案。终于，圆饼般的紫菜从满月渐渐亏蚀到弯弯的月牙。而小伎俩露馅后,父母也只能佯作嗔怒地责怪几句,但可以肯定他们心里满满的是对儿女们的愧疚和怜惜。这种情愫在我初为人父时才逐渐明白,以至于时不时会泡上一碗紫菜汤,在氤氲的水汽里,过去、当下、将来,别有一番滋味涌上心头。

附录：海错尺寸

春风三月鲥鱼肥
鲥鱼，成鱼体长 42~47 厘米，体重 1~1.5 千克。

谁解芳腴马鲛鱼
马鲛鱼，幼鱼体长 25~30 厘米，体重 200~400 克；成鱼长 42~55 厘米，体重 0.55~1.1 千克。

吾乡有蛏
蛏子，壳呈侧扁长形，壳长 6~8 厘米。

白袍素甲银鲳鱼
鲳鱼，渔获常见体长 11~26 厘米，部分可达 40 厘米。

神奇的鲨鱼
姥鲨，常见体长 6~10 米，大者可达 12~15 米。
鲸鲨，常见体长 10 米左右，大者超过 18 米，重 15 吨。
灰星鲨，常见体长 60~80 厘米，部分可达 1 米以上。
双髻鲨，常见体长 1 米左右，大者可达 3 米。

人人争夸小鲗鱼
小鲗鱼，常见体长 12~18 厘米，部分可长至 26 厘米。

奢侈的刀鱼
刀鱼，常见体长 20~25 厘米，最大可达 36 厘米，重约 300 克。

至味河豚
黄鳍东方鲀，常见渔获个体长约 20~50 厘米。
红鳍东方鲀，常见渔获个体长约 40 厘米左右，部分可达 70 厘米。
星点东方鲀，体小，常见体长 10~15 厘米，重约 100 克。

梅子熟　梅童来

梅童鱼，渔获以当年鱼和一龄鱼为多，体长在 4~17 厘米之间，重 9~20 克，50 克以上为珍品。

形容不得的蛎黄滋味

蛎黄（牡蛎），体形多变化，大多呈三角形，常见个体壳长 3~5.5 厘米，部分可达 6~9 厘米。

芳鲜雪鳓乘潮来

鳓鱼，一般体长 40 厘米，重 500 克，最大可达 50 厘米，重 1 千克左右。

海螺的世界

芝麻螺，常见个体壳高 1~2 厘米。

马蹄螺，壳呈圆锥形，常见个体壳高 1.5~2.5 厘米。

拳螺，壳呈球形，常见个体壳高 5~8.5 厘米。

辣螺，壳呈纺锤形，常见个体壳高 2~3 厘米。

曼曼、沙秃和花鱼

曼曼，体盘亚圆形，一般盘长 22~30 厘米。

沙秃，体平扁呈团扇形，常见体盘长 30~50 厘米，重 200~500 克。

花鱼，体盘亚圆形，常见体盘长 30 厘米左右，重约 1.5 千克。

海蜇的味道

海蜇，伞部半球形，直径一般为 25~60 厘米，最大可达 1 米左右。

海中瓜子胜江瑶

海瓜子，壳呈长卵形，常见个体壳长 1~2 厘米。

千箸鱼头细海蜒

海蜒，幼体长 1~3 厘米，成鱼长 8~14 厘米，重 5~20 克。

且烹虎头鱼

虎头鱼，渔获体长 10~20 厘米，最大可达 30 厘米。

乌贼不是"贼"
乌贼，常见胴体长 15 厘米左右。

最后的贵族
大黄鱼，常见体长 30~40 厘米，重约 0.6~1 千克。

鲈鱼美
鲈鱼，可长至 1.3 米，体重 15 千克。

悲情望潮
望潮，一般长 8~14 厘米。

夫人海上来
淡菜，常见个体壳长 8~15 厘米。

巨鳃鮸鱼味最长
鮸鱼，一般长 45~55 厘米，重 1.5~2.5 千克。大的可达 90 厘米以上，重 10 多千克。

美味还夸八月蟒
虾蟒，一般长 12 厘米左右，二龄鱼可至 22 厘米。

风味从今忆鲻鱼
鲻鱼，一般长 30~40 厘米，重 1~2 千克，大者可达 80 厘米。

藤壶的故事
藤壶，壳呈高圆锥形，常见直径 2.5~4 厘米，壳高 2.5~3.5 厘米。

胭脂盏，令我岛上增颜色
胭脂盏，常见壳长 20~45 毫米。

又是一年蟹肥时
梭子蟹，常见个体宽 20 厘米左右，重约 400 克，大者可达 1 千克。

比目箬鳎
箬鳎，一龄鱼长约 13 厘米，四龄鱼长约 31 厘米，部分可超过 40 厘米。

丑陋的鮟鱇鱼
鮟鱇鱼，一般长 20~30 厘米，大者可达 50 厘米。

海鳗的美与恶
海鳗，一般长 50~60 厘米，部分长至 1 米。

濑尿的虾蛄
虾蛄，一般长 13 厘米左右。

那些虾
红丝头（葛氏长臂虾），常见体长 5~7 厘米，体重 2.5~5 克。
大脚黄蜂（中华管鞭虾），常见体长 3~8 厘米。
竹节虾（日本囊对虾），大型虾类，常见体长 14~20 厘米，体重 30~80 克。
对虾（中国明对虾），成年雌体长 18~24 厘米，雄体长 13~17 厘米。
糯米饭虾（中国毛虾），体长 2.5~4 厘米。

玉带鱼鲜唤客尝
带鱼，一般长 50~70 厘米，重 200~300 克。

紫菜的诱惑
紫菜，片状，膜质，长披针形，高 10~40 厘米，宽 3~10 厘米。